JN303524

面白チャレンジ！

インターネットガジェット入門

USB、I²C、UART、XBee… 自由自在

武藤 佳恭 著

◆ 読者の皆さまへ ◆

　小社の出版物をご愛読くださいまして，まことに有り難うございます．
　おかげさまで，(株)近代科学社は1959年の創立以来，2009年をもって50周年を迎えることができました．これも，ひとえに皆さまの温かいご支援の賜物と存じ，衷心より御礼申し上げます．
　この機に小社では，全出版物に対してUD（ユニバーサル・デザイン）を基本コンセプトに掲げ，そのユーザビリティ性の追究を徹底してまいる所存でおります．
　本書を通じまして何かお気づきの事柄がございましたら，ぜひ以下の「お問合せ先」までご一報くださいますようお願いいたします．

　お問合せ先：reader@kindaikagaku.co.jp

　なお，本書の制作には，以下が各プロセスに関与いたしました：

・企画：小山 透
・編集：大塚浩昭
・組版：DTP（InDesign）／ tplot inc.
・印刷：大日本法令印刷
・製本：大日本法令印刷
・資材管理：大日本法令印刷
・カバー・表紙デザイン：tplot inc. 中沢岳志
・写真撮影：武藤佳恭
・広報宣伝・営業：冨高琢磨，山口幸治

・本書の複製権・翻訳権・譲渡権は株式会社近代科学社が保有します．
・ JCOPY ＜(社)出版者著作権管理機構 委託出版物＞
本書の無断複写は著作権法上での例外を除き禁じられています．
複写される場合は，そのつど事前に(社)出版者著作権管理機構
（電話 03-3513-6969，FAX 03-3513-6979，
e-mail: info@jcopy.or.jp）の許諾を得てください．

目 次

第 0 章 本書の読み方と基礎知識　1

- ■はじめに　1
- ■読者／■ソフトウェアインターフェイスで安価に／■初心者の三つの壁　2
- ■そのうちわかるさ／■通信プロトコル（USB）　3
- ■センサー／■無線モジュール　4
- ■重要な回路の知識（オームの法則）／■定格電力　5
- ■時間と周波数／■電子部品　6
- ■マイクロコントローラと GNU ツールによる開発　7
- ■プロトコールスタック／■コンパイラ　8
- ■C 言語のプログラミング入門　9
- ■ガジェットの設計と開発　12
- ■困ったときのインターネット／■チャレンジ！ 問題　13

第 1 章 インターネット・ガジェット創作のための開発環境　16

- 1.1　AVR チップ専用 USB ライタを組み立ててみよう　16
- 1.2　Cygwin と WinAVR ツールのインストールと LED 表示回路　23
- 1.3　LED 点滅表示のための C 言語プログラミング　28

第 2 章 電子部品の簡単な使い方、回路図エディタと電子回路シミュレータ　34

- 2.1　抵抗とキャパシタ　34
- 2.2　3 端子レギュレータ　37
- 2.3　ダイオードと LED　37
- 2.4　バイポーラトランジスタと MOSFET トランジスタ　39
- 2.5　センサー（温度、湿度、照度、気圧、方向、距離、加速度）の使い方　42
- 2.6　回路図エディタ BSch　47
- 2.7　LTspiceIV 電子回路シミュレータ　49

第3章 C言語で入出力プログラミングしてみよう　51

- 3.1 パソコン画面への出力　51
- 3.2 パソコン画面への入力　52
- 3.3 AVR 入出力と DA 変換　54
- 3.4 AVR ディジタル入出力の設定　55
- 3.5 AVR アナログ入力の設定　56
- 3.6 LED スイッチ　59

第4章 USB、I$_2$C、UART プロトコールスタックの応用　63

- 4.1 USB プロトコールスタックの使い方　63
- 4.2 ハードウェア UART（RS 232 C）とハードウェア I^{2}C（気圧センサー）　72
- 4.3 水晶発振子なしのソフトウェア USB とソフトウェア UART　88
- 4.4 USB ディジタルコンパス(I^{2}C モドキ)　95
- 4.5 ソフトウェア USB+ ソフトウェア UART+ ソフトウェア I^{2}C+PLL　106
- 4.6 iPod Touch/iPhone/iPad ガジェット　109
  - ●iPad の jailbreak 方法　119
  - ●iPad に gcc をインストールする　119
- 4.7 無線モジュール XBee の使い方　121
- 4.8 パソコン⇔ USB+XBee ⇔ XBee+BMP 085　127

第5章 Linux・MacOS・FreeBSD ユーザのための開発ツール(avr-gcc, avrdude)　135

- 5.1 役立つシステムコマンド(expect, cron)　139

索引　144

第 0 章　本書の読み方と基礎知識

■はじめに

　21 世紀において、情報通信技術 (ICT) の中で重要な技術の一つがインターネットです。今や、インターネットのない生活が考えられないと思われるほど、インターネットは社会に普及し根づいています。本書の目的は、読者が自由自在にインターネット・ガジェットを設計・製作することで、そのための入門書です。また本書のテーマである"**インターネット・ガジェット**"とはインターネットにつなげることができる**電子小道具(ガジェット)**のことです。

　最新のオープンソースソフトウェアと安価なハードウェア技術を使うことによって、比較的簡単に、インターネットに接続できるガジェットを設計し自作することができるようになりました。本書では、インターネット・ガジェット (ハードウェア+ソフトウェア) の作り方を詳細に説明します。よく理解すれば、手持ちのネットブックや携帯端末 (**iPod Touch/iPhone/iPad**) に自作のインターネット・ガジェットを接続して、さまざまな楽しいことが簡単に実現できるようになります。

　秋葉原などで売られている部品を使って自作したガジェットをインターネットにつなげるには、色々な方法があります。例えば、無線 LAN、イーサーネット (10 BaseT、100 BaseT、1000 BaseT などのケーブル)、パソコンや携帯端末の USB、赤外線通信、RS 232 C を経由する方法などです。本書では、**USB** (Univesal Serial Bus)、**UART**、**XBee** (無線モジュール) などのインターフェイスを使って自作ガジェットをパソコンや携帯端末に接続し、ガジェットに接続されたアナログやディジタルセンサーの値を読んだり、**アクチュエータ** (モータ、LED、スピーカー、電化製品の制御および電源 ON/OFF) を駆動したりします。また、インターネット経由で別のパソコンや携帯端末からガジェットを操作することもできます。

■読者

本書で説明する内容は、将来ICTの分野で活躍したい人が知っておくべき必要不可欠な技術であり、設計のための便利なICT道具の紹介と使い方も含まれています。

工業専門学校生、大学生、大学院生の教科書としてはもちろんの事、ラジオ少年やICT技術者の参考書として本書をお使いください。

■ソフトウェアインターフェイスで安価に

USB、I^2C（Inter-Integrated Circuit）、UARTなどのインターフェイスを利用するためには、これまでは、専用のハードウェアインターフェイスが必要でした。しかしながら、最近のオープンソースソフトウェアの発展によって、ソフトウェアインターフェイスからのアクセスが可能になりました。簡単に言うと、専用のハードウェアチップを使うことなく、「ソフトウェアでハードウェア機能を実現できるようになった」ということです。

本書では、**ソフトウェアUSB、ソフトウェアI^2C、ソフトウェアUART**（RS232C）などの**ソフトウェアプロトコール**の活用方法を説明します。特定のハードウェアチップを使う必要がないため、数百円程度でインターネット・ガジェットが安価に製作できます。

■初心者の三つの壁

初心者の皆さんは、"自作のインターネット・ガジェットを作って、自由自在に使いこなそう！"と思われるでしょうが、そう簡単ではありません。実は、初心者にとって大きな壁が三つ存在します。一つ目の壁は「**通信プロトコール**」と呼ばれる、複雑な通信手順を理解しなくてはいけません。通信手順の中身が複雑過ぎて理解できないので、多くの初心者はそこで断念してしまいます。しかも、それらの複雑で難しいところの解説が英語かプログラム言語で書かれています。つまり、二つ目が「**英語の壁**」、さらに三つ目には「**プログラミングの壁**」が、立ちふさがります。

本書では、これらの三つの壁の克服とインターネット・ガジェットの設計・製作は別物であると考え、説明していきます。（もちろん、わからないことはそのままにして置かないで、何回も繰り返し理解しようとする努力と工夫が必要ですが…）

つまり、複雑な通信プロトコールの理解は後回しにして、誰もがインターネット・ガジェットを設計・製作し、使いこなせるようになるための簡単な方法を紹介します。通信プロトコー

ルがいくら複雑でも、それらのすべての通信手順はブラックボックスと考えて、このブラックボックスとの簡単なデータのやり取りだけを理解し、使いこなす方法を習得します。インターネット・ガジェットを設計・自作するには、ブラックボックスとの簡単なやり取りの仕方・手順(プログラミング)を理解すればよいわけです。

　初心者にありがちですが"プログラム全体を隅々まで理解"しようとするのではなく、必要不可欠なプログラムのキーポイントのみを理解しましょう。プログラムのキーポイント部分が理解できてくれば、次第に周りのわからない所も解けてきます。すなわち、**三つの壁**(通信プロトコールの理解、英語、プログラミング)を完全に克服しなくても、通信プロトコール(ブラックボックス)との簡単なデータのやり取りを理解さえすれば、本書の目的であるインターネット・ガジェット設計・製作することができ、しかも、そのインターネット・ガジェットを使いこなせるようになります。

■そのうちわかるさ

　人間の面白い能力として、何度も何度も、"理解できない式"・"文書"・"物"・"現象"を観ていると、次第にその本質がなんとなくわかってくるようです。プログラム中でわからないところはおまじないと思って、思い切ってスキップしても大丈夫です。最初は理解できなくても、何回も理解しようとチャレンジすると、自然に(自ら然り：self-organization)、次第にわかってくるようです。中身がよく理解できないと居心地がわるい人がいるかもしれませんが、"そのうちわかるさ"と気楽に思ってください。重要なことは、理解しようとする繰り返しの行動です。これが未知のものへの理解の手助けになるでしょう。

　自然現象(重力、電磁波、音波、水、…、我々自身の存在)そのものは、最新科学を使ってもまったく説明できていません。例えば、なぜ、重力があるのか。自然現象の振る舞いは数式で表現できても、根本の自然現象そのものに関して我々はまったくわかっていません。例えば、正確な地震予知ができないのは、自然現象そのものへの理解不足です。現代社会では、科学者が自然現象を発見・発表し、その発見された自然現象を利用して技術者が製品化・商品化し、ビジネスマンがそれらを我々に売りさばいているのです。

■通信プロトコール(USB)

　この本で紹介する通信プロトコールは、転送速度が1.5Mbpsの低速USBです。USB

にはホストとデバイスの2種類があります。本書で紹介するUSBガジェットはデバイスの方です。USBホストは王様（マスター）で、USBデバイスは召使（スレイブ）という関係です。つまり、USBホストがUSBインターフェイスを支配し、すべてのUSBデバイスに命令を発します。USBデバイスは、USBホストからの命令を粛々と実行するだけです。USBデバイスは、USBホストからの命令を識別するために固有のIDを持っています。また、自分がホストに呼ばれているのかどうかを自ら判断し、自分が呼ばれている場合は、その命令を実行します。

USBインターフェイスは今や大人気で、パソコン、携帯端末、ゲーム機器、ネットブックなど多くのネットワーク商品で使われています。つまり、読者の皆さんがこれから自作するインターネット・ガジェットは、最小限のネットワーク機能を備えた小さなコンピュータなのです。

■ センサー

本書で紹介するセンサーには**アナログセンサー**と**ディジタルセンサー**があります。アナログセンサーには、電圧が変化するセンサー、電流が変化するセンサー、抵抗値が変化するセンサー、静電容量が変化するセンサーなどがあります。具体的には、照度センサー、温度センサー、湿度センサーなど、アナログセンサーを使いこなすための簡単な方法を紹介します。

本書で紹介しているI^2Cは、ディジタルセンサーチップとのやり取りをするための通信プロトコルです。本書では、最新の**気圧センサー（BMP085）**を使った例を紹介します。また、Parallax社のBasic Stamp用のディジタルセンサーチップとして、**磁気コンパスセンサー（HM55B）**の例も解説します。

また、今流行の携帯端末iPhone、iPod TouchやiPadには、UART（RS232C）が備わっているので、そのUARTインターフェイスを経由してセンサー値を読み取ることができます。このiPhoneなどはインターネットに接続可能なので、リモートでそのセンサー値を読み取ったりさまざまなアクチュエータを制御したりできます。

■ 無線モジュール

本書で紹介する最新の無線モジュール**XBee**は、多機能型無線UARTと考えることができます。通常のUARTと違うのはXBee内蔵の**AES暗号**を利用して暗号通信できることです。従来、無線モジュールを使うのは初心者には難しくハードルも高かったのですが、XBeeチッ

プを使うことでインターネット・ガジェットに無線機能を簡単に加えることができます。

■重要な回路の知識（オームの法則）

本書では、専門知識がなくても、できるだけ内容が理解できるように試みています。本書で一番重要な回路知識は、オームの法則です。オームの法則は、次の式で表現される実験式で、電圧は電流と抵抗に比例するという物理現象です。

$$電圧(V) = 電流(I) \times 抵抗(R)$$

例えば、抵抗 R（1kΩ）に電池（電圧1.5V）を接続すると、流れる電流 I は
$$電流(I) = 1.5V/1k\Omega = 1.5/10^3 = 1.5mA \text{ になります。}$$

この抵抗での消費電力 W はどうなるでしょうか。消費電力 W は、電圧と電流の積なので、
$$W = 電圧(V) \times 電流(I) = 1.5V \times 1.5mA = 2.25mW \text{ になります。}$$

先ほどの抵抗値が1kΩでなく5Ωのときは、抵抗の消費電力 W はどうなるのでしょうか。
電流 I は、
$$I = 1.5/5 = 0.3 (A)$$
したがって、抵抗の電力 W は、
$$W = 1.5 \times 0.3 = 0.45 (W)$$

■定格電力

抵抗5Ωを選ぶときに、定格電力を考慮する必要があります。**定格電力**とは、抵抗が耐えられる最大の消費電力のことです。定格電力を超えると、抵抗が燃えて大事故につながる可能性があります。また、定格電力を超える電力が抵抗に与えられると、想定を超えた熱を発生し、その抵抗の回りの電子部品に悪影響を与えます。実際には定格電力は消費電力の2倍くらいの余裕が必要です。抵抗の定格電力は、1/8W、1/4W、1/2W、1W、その他があります。前述の場合は1Wを選択したほうが良いでしょう。1W以上は、セメント抵抗やホーロー抵抗になります。最近人気のハイブリッド車では、大容量の抵抗が使われていますが、調べてみてください。

電子部品を選ぶときに気をつけることは、**定格電圧**を超えないこと、**定格電流**を超えないこ

と、**定格電力**を超えないことの三つが重要です。

■時間と周波数

もう一つ回路設計で大事なことは、**時間と周波数の関係**を理解することです。

$$周波数(f) = 1/時間(t) \quad または \quad 時間(t) = 1/周波数(f)$$

例えば、10 MHz のクロック周波数とは1秒間に 10^7 回の（0と1の）振動をしています。M（メガ）とは 10^6 のことです。つまり、一つの周期の幅は、10^{-7} 秒になります。10^{-7} 秒とは、100 n 秒（ナノ秒）のことです。n とは、10^{-9} です。復習として名称と単位の関係表を表1に示します。

表1　名称と単位

名称		単位
E	エクサ	10^{18}
P	ペタ	10^{15}
T	テラ	10^{12}
G	ギガ	10^{9}
M	メガ	10^{6}
k	キロ	10^{3}
m	ミリ	10^{-3}
μ	マイクロ	10^{-6}
n	ナノ	10^{-9}
p	ピコ	10^{-12}
f	フェムト	10^{-15}
a	アト	10^{-18}

■電子部品

この本で登場する**電子部品**（抵抗、キャパシタ*、ダイオード、トランジスタ、LED、LCD、各種のセンサー、AD 変換器、フラッシュメモリ付きマイクロコントローラチップなど）の使い方の基礎から応用までを簡単に解説していきます。

本書は、理論よりも実学に重点を置いて書いています。実際にそれらの部品を扱いながら、理解を深めることが重要です。

合わせて、電子部品の双方向性の現象を紹介します。双方向性の現象とは、例えば、スピーカーの場合、スピーカーに電気信号を与えると音や振動が発生します。逆に、スピーカー

---

* 日本では、キャパシタのことをコンデンサと呼んでいますが、世界に通用しません。必ずキャパシタと呼びましょう。

に音や振動を与えてやると、電気信号が発生します。この現象を使って実用化されているのが、JR 東日本・慶應義塾大学武藤佳恭研究室との共同研究の**発電床**です。乗客が床を歩く振動エネルギーを電気エネルギーに変換しています。発電床の上を歩くことによって、**ピエゾ素子**に振動を与え、交流電気エネルギーを発生します。その交流電気エネルギーを直流に変換し、直流に変換された電気エネルギーをキャパシタに蓄積します。同様に、**LED**（発光ダイオード）にも双方向性現象があります。LED に電流を流すと光を発生しますが、光を与えると電気信号が発生します。つまり、LED は、発光デバイスとしても使えますがセンサーとしても利用できるわけです。本書では、アナログ入力設定のところで、簡単な LED 双方向性回路を紹介します。

■マイクロコントローラと GNU ツールによる開発

インターネット・ガジェットの中心部品は、CPU である**マイクロコントローラ**です。ATMEL 社のマイクロコントローラチップは、**AVR** とよばれ、世界で幅広く使われています。実は、AVR チップが世界で広く使われる理由があります。Linux や FreeBSD などのオープンソースソフトウェアの多くは、**GNU ツール**を使って開発されています。8 ビット CPU では、AVR のチップが GNU ツールによってサポートされており、AVR チップ用の GNU C コンパイラ（avr-gcc）が無償でダウンロードできるわけです。また、様々なオープンソースのソースプログラムが利用可能ということになります。本書では、オープンソースの USB プロトコルソフトウェア、I^2C プロトコルソフトウェア、ソフトウェア UART の使い方を解説します。

開発の手順として、ハードウェア設計とソフトウェア設計(C 言語)は、同時進行します。ハードウェア設計しながら、プログラムを開発していきます。開発したプログラムは、C コンパイラによって機械語に翻訳されます。具体的には、C コンパイラ（avr-gcc）は、C 言語で書かれたプログラムを機械語に翻訳してくれます。次に、機械語に翻訳されたファイル（xxx.hex）を、フラッシュマイクロコントローラのフラッシュメモリに書き込みます。**フラッシュメモリ**は、**不揮発性メモリ**なので、チップに電力を供給しなくても、書き込まれたプログラム内容は消えません。マイクロコントローラのフラッシュメモリに書き込む装置のことをプログラムライタと呼びます。本書では、世界一簡単で安価なプログラムライタの作り方を紹介します。

また、このフラッシュメモリに書き込むためのソフトウェアツールもオープンソースで提供されています。**avrdude** と呼ばれる書き込み支援ツールを使うと簡単にマイクロコントローラに

書き込めます。このツールはavr-gccやavrdudeなどのツールが一つのオープンソースパッケージになっていて、**WinAVR**と呼ばれています。安価なネットブックなどのWindowsOS上で開発するのであれば、WinAVRパッケージをパソコンにインストールさえすればよいわけです。MacOSやLinux用の開発ツールパッケージもインターネット上に公開してあります。著者がリビルドした開発ツールパッケージも紹介します。本書では、ネットブック上（WindowsOS、LinuxOS、FreeBSD、MacOS）でインターネット・ガジェットを設計・開発することを前提に解説していきます。

■**プロトコールスタック**

　先ほどプロトコール（ブラックボックス）の話をしましたが、一般に、複雑なプロトコールは**プロトコールスタック**と呼ばれるソフトウェア群により実装されています。スタックというのは、階層構造になっているという意味です。プロトコールスタックの多くはC言語で書かれているので、比較的簡単に、自作のCプログラムに組み入れることができるのです。さらに複数のプロトコールスタック同士を組み込むには、かなりのノウハウが必要ですが、本書ではソフトウェアUSB、ソフトウェアI^2C、ソフトウェアUARTの三つ（実は四つ*）を組み込んだ例を説明します。

■**コンパイラ**

　最新の**Cコンパイラ**を使っていても、訳のわからないエラーメッセージをコンパイラが頻繁に出力してきます。どのようなプログラミングミスのときに、どのようなエラーメッセージを出すのかを理解しておけば、次第に自作プログラムのデバッグが速くなってきます。コンパイルエラーの中で比較的多いのが、";"（セミコロン）の記入漏れ、各変数などのスペルミスです。C言語では、大文字と小文字を識別しているので注意が必要です。問題解決のためには、インターネット検索の役割は大変重要です。

　コンパイラとはコンピュータ言語（本書ではC言語）で書かれたプログラムをマシンの実行コードに**翻訳**するツールです。本書では、二つのCコンパイラを活用します。**パソコン 32 ビッ**

---

* 通常、マイクロコントローラを正確に駆動するために、水晶発振子を使って設計しますが、本書では、マイクロコントローラ内蔵の PLL（Phase Locked Loop）機能を利用して、水晶発振子を使わない設計方法も紹介します。この機能を使うことによって、さらに安価にガジェットが構築でき、水晶発振のためのピンも別の用途で有効に使えるので、小さな 8 ピンの AVR チップ能力を最大限に活用できます。

ト intel CPU 用のコンパイラ（gcc）と 8 ビットマイクロコントローラ用のコンパイラ（avr-gcc）の二つです。パソコン上のコンパイラはネイティブコンパイラ（native compiler）と呼ばれ、avr-gcc などのコンパイラはクロスコンパイラと呼ばれます。iPhone/iPod Touch/iPad 用のガジェットを作成する場合は、arm CPU 用のネイティブコンパイラかクロスコンパイラの準備が必要です。本書でも、簡単に解説します。

■ C 言語のプログラミング入門

ハードウェア上にソフトウェアを組み込んだものがシステムです。常に、ハードウェアを考えながらプログラミングしていきます。C 言語では、プログラム中に現れるものは、すべて関数です。つまり、プログラムとは関数のかたまりです。関数が計算結果を返す場合は、"return" 関数で返します。return 値を返す関数は、必ず関数名の前に return 値と連動してその関数のデータ型を宣言しなくてはいけません。関数の始めと終りは、"{"記号と"}"記号で表します。関数名の後には必ず引数宣言記号"("と")"記号が必要です。引数がある場合は、()内で宣言します。C 言語のコンパイラは、"；"セミコロンあるいは中カッコ"}"のところまでを一つの命令と解釈しています。

例えば、example という関数は、整数の型（int:16 ビット）で変数を返します。この例では、引数はありません。

```
int example(){
int xxx;
…
return xxx;
}
```

この example 関数の結果を変数 ret に代入できます。

```
int ret;
ret=example();
```

プログラム中で使われる変数・定数には、ローカルとグローバルがあります。関数の外で定義してあればグローバルになります。関数内で定義してあればローカルになります。グローバルな変数・定数は、どの関数内でも利用できます。ローカルな変数・定数は、その関数内でのみ利用できます。

```
int global;
int example(){
int local;
…
return local;
}
```

関数は、()内の複数の引数を取ることができます。引数はローカル関数内でのみ利用できます。下のsample (x) 関数は、引数を2倍にして計算結果を返します。

```
int sample(int x){
return 2*x;
}
```

sample (x) の結果は、次のようにret変数に代入できます。この場合関数への引数は8となります。変数retには、16が代入されます。

```
int ret;
ret=sample(8);
```

初心者がつまずきやすいのは、プログラミング中の**データ型 (data type)**です。使う環境 (OSやCPU)によって、同じC言語でもデータ型は異なります。C言語のプログラミングでは、データを表現するのに決まったデータ型のみが利用できます。本書では8ビットのAVRマイクロコントローラを用いるので、AVR-libcと呼ばれるライブラリから供給されるデータ型のみが利用可能です。次の七つのデータ型のみ利用できるということです。shortはintと等しく2byteであり、floatはdoubleと等価なので、実際には5種類のデータ型のみが利用できます。

```
(signed/unsigned) char - 1byte
(signed/unsigned) short - 2bytes
(signed/unsigned) int - 2bytes
(signed/unsigned) long - 4bytes
(signed/unsigned) long long - 8bytes
float - 4bytes (floating point)
double - alias to float
```

signedとは符号付、unsignedとは符号なしのことです。また、1byte(バイト)とは、8bit(ビッ

ト)のことを意味します。1bit では、0 か 1 の表現が可能です。例えば、"unsigned char"の型宣言があると、プログラムでは 1byte のデータが準備され、0 から 2^8-1 の整数値が表現できます。"signed char"では、1byte のデータで、-2^7 から 2^7-1 の整数値が表現できます。同様に、"unsigned int"では 0 から $2^{16}-1$ の整数値、"signed int"では -2^{16} から $2^{16}-1$ の整数値の表現が可能です。float と double は、32bit 浮動小数点です。浮動小数点は、仮数部は 23bits、指数部は符号付の 8bits、符号部に 1bit で表現されます。32bit の浮動小数点は、次のように表現されます。

$$(-1)^{符号部} \times 2^{指数部 \text{-}127} \times (1+ 仮数部)$$

32ビット intel CPU パソコンの場合は GNU C コンパイラ (gcc) ライブラリでは、データ型は、次のようになります。

```
char   1byte
short  2bytes
int    4bytes
long   4bytes
long long 8bytes
float  4bytes
double 8bytes
```

データ型が不明な場合は、次の datatype.c プログラムをコンパイルして実行してみましょう。**cygwin** をインストールした後であれば実行可能です。コンパイラのインストールやコンパイルの仕方に関して、本書で詳しく説明します。

cygwin というツールを WindowsOS にインストールした後 (本書の開発環境のところで詳しく説明します)、次の **wget 命令**を実行します。

```
$ wget http://web.sfc.keio.ac.jp/~takefuji/datatype.c
$ cat datatype.c
int main(){
short s;
int i;
long l;
long long ll;
float f;
```

```
    double d;
    printf("short=%d int=%d long=%d long long=%d float=%d double=%d", si
zeof(s),sizeof(i),sizeof(l),sizeof(ll),sizeof(f),sizeof(d));
    }
$ gcc datatype.c -o datatype
$ ./datatype
short=2 int=4 long=4 long long=8 float=4 double=8
$
```

データ型に関しては、プログラミングのところでもう一度詳しく解説します。

オペレーティングシステム(OS：Windows、Linux、MacOS、FreeBSD、Unix)を搭載しているパソコンや携帯端末では、ディレクトリ(Windowsではフォルダ)やファイルは、すべて木構造になっています。例えばWindowsでは、ハードディスクがc:であるすると、その下に、"Documents and Settings"、"Program Files"、"WINDOWS"、"WinAVR"、"cygwin"、…、などのディレクトリがあります。それらのディレクトリの先には、ディレクトリやファイルが存在します。ディレクトリやファイルの場所は、パス(PATH)と呼ばれる所在経路で表現されます。Windowsでは、プログラム→アクセサリ→コマンドプロンプトを起動してください。コマンドプロンプト画面で、"tree"と入力してください。画面に木構造が表示されます。ディレクトリやファイルの所在場所は、パス(PATH)で表現されます。

■ガジェットの設計と開発

本書では、半田付けを使わなくても、インターネット・ガジェットの設計・開発ができるようにしました。必要な道具は、コードストリッパー（ダイソー：420円）、ニッパー（ダイソー：100円）、万能バサミなどです。単線0.65mmを使ってブレッドボードに配線します。ただし、USBガジェットやiPhoneなどのガジェットでは、若干の半田付けが必要です。

インターネット・ガジェットを設計・製作し、望みどおりの動作をさせるためには、

1　ガジェットのハードウェア設計・実装が正しいこと
2　ガジェットのソフトウェア(ファームウェアとよぶ)設計・実装が正しいこと
3　ガジェットと通信するネットワーク機器（パソコンなど）のアプリケーションソフトウェア設計・実装が正しいこと
4　ガジェットのインターフェイス設計・実装が正しく、正常に動作していること

5　ガジェットにつながっている機器も、ネットワークも正常に動作していること
6　ガジェットのオペレーション・使い方も正しいこと

　これら六つの条件がすべて満たされる必要があります。インターネット・ガジェットが正常に動作するための条件は、初心者にとっては、かなり大きなハードルになります。本書では、初心者が起こしやすいミスの事例を紹介しながら、できるだけ最終的に読者が六つの条件を満たせるように解説していきます。

　本書では、インターネット・ガジェット構築のためのソフトウェア開発ツール環境（WinAVR）にも簡単に触れながら、オープンソース環境でプログラム構築できるように心がけています。つまり、必要不可欠なソフトウェア開発ツールはオープンソースであり、インターネットからすべて無償でダウンロード可能です。自信がついてきたら、読者の皆さんの作品をインターネットに公開したら良いかと思います。

■困ったときのインターネット
　最後に、困ったときのインターネット検索の極意をまとめてみました。

Google 検索のヒントのまとめ
1. +xxx -yyy：+演算は xxx 単語を含む、-演算は yyy 単語を含まない
2. "xxx yyy"：フレーズとは、" "記号で囲まれた句の検索。単語 xxx と単語 yyy の並びと "yyy xxx" の結果は異なります。フレーズでも＋－演算を使用できます。+"xxx yyy" -"zzz ttt"
3. filetype:pdf：ファイルタイプ検索、その他のファイルタイプに ppt、doc、zip、…、c。
4. site:go.jp：ドメインサイト検索
5. daterange:2455100-2455191：julian 検索、ファイルの日付検索

■チャレンジ！ 問題
　さて、本書では所々に「チャレンジ！ 問題」のコーナーを設けてあります。それぞれの内容に応じて、知識を深めたり、関連する事項や派生する事がらを調べたりと、本書を基礎にした設問です。特に解答は記してありません。自ら正解を見つけることにも「面白チャレンジ！」してください。きっと、たくさんの事が身に付くと思います。

それでは、さっそく問題です。

チャレンジ！問題

問題 0-1： signed long long と unsigned long long の整数表現範囲を示しなさい。

問題 0-2： USB には、二つの ID がありますが、それはどのようなものか。

問題 0-3： I²C は、何のための通信プロトコルか。

問題 0-4： UART は何の略で、どのような通信方式か。

問題 0-5： オープンソースとクローズソースとは何か。

問題 0-6： UART の標準設定とは何か、調べてみましょう。

問題 0-7： I²C とは何か、調べてみましょう。

問題 0-8： 1GHz とは、何ヘルツのことか。また、時間に変換すると何秒か。

問題 0-9： C 言語で、パソコン上の int と AVR 上の int の大きさ（何バイト）を調べて見ましょう。

問題 0-10： iPod Touch か iPhone を持っている場合、第何世代のものか調べてみましょう。

問題 0-11： XBee とは何か調べてみましょう。

問題 0-12： プロトコールスタックとは何か？　どうようなプロトコールスタックが世の中にあるのか、インターネット検索してみましょう。

問題 0-13： どのようなインターネット・ガジェットがあると便利か考えて見ましょう。

問題 0-14：個の第 0 章でわからない単語をインターネット検索して、意味を調べておきましょう。

問題 0-15：julian 検索とは何か。julian 暦を計算する方法を調べましょう。

問題 0-16：C 言語で型変換のための CAST（キャスト）とは何か調べてみましょう。

【重要な URL のリンク】

http://cygwin.com …… cygwin ダウンロードページ
http://sourceforge.net/projects/winavr/ …… WinAVR のダウンロードページ
http://sourceforge.jp/projects/sfnet_winavr/releases/ …… WinAVR の日本語ダウンロードページ

第1章 インターネット・ガジェット創作のための開発環境

　インターネット・ガジェット構築のためには、必要最小限の開発環境が必要です。開発構築を安価にするために、ハードウェアとしてネットブックなどの3万円パソコン、AVRマイクロコントローラのフラッシュメモリに自作のプログラムを書き込むための専用プログラムライタが必要です。従来、専用プログラムライタを構築するのには、プログラムライタが必要でしたが（鶏と卵の問題と呼ばれています）、ここでは、パソコンさえあればプログラムライタが簡単構築できる方法を解説します。

1.1　AVRチップ専用USBライタを組み立ててみよう

　半田付けの必要がなく、工作がもっとも簡単で安上がりの方法を解説していきます。**USBライタ**とは、USBインターフェイスを介してユーザが作ったプログラムをAVRチップに書き込むための仕組みのことです。

　USBライタには、秋月電子通商[*]で売られているFT232RL USBシリアル変換モジュール（秋月950円）を利用します。AVRチップに書き込むためには、MISO、MOSI、SCK、RESETの4本の信号線と、電源供給のためのGND（グラウンド）とVcc（+5V）が必要です。また、AVRチップに外部からクロック供給が必要です。つまり、USBシリアル変換モジュールから6本の線がAVRチップに接続される必要があります。また、クロック供給のためにキャパシタ内蔵タイプの**セラミック発振子**（秋月20円）を外付けします。

---

[*]（株）秋月電子通商　http://akizukidenshi.com/

USBシリアル変換モジュールとセラミック発振子とAVRチップの**ATmega168**（秋月230円）の三つの部品を**ブレッドボード**（秋月250円）に図1.1のように挿し込みます。図1.1.1に示すように合計13本の単線がブレッドボードに挿し込んであります。ブレッドボードに挿し込む線は、すべて**0.65 mm の単線**を使います。インターネットで購入するには、オヤイデ電気オンラインショップ*で1m当たり63円です。秋葉原でショッピングするのであれば、JR秋葉原駅にあるタイガー無線*で購入できます。合計予算1500円ぐらいでAVRチップ専用USBライタは完成できます。0.65 mm以外の単線では、接触不良の原因になります。

USBシリアル変換モジュールはブレッドボードのb列とf列の1番から12番に差し込みます。ATmega168チップは、e列とf列の17番から30番に差し込みます。セラミック発振子（12 MHz セラロック）は、b列の14番、15番、16番に差し込みます。

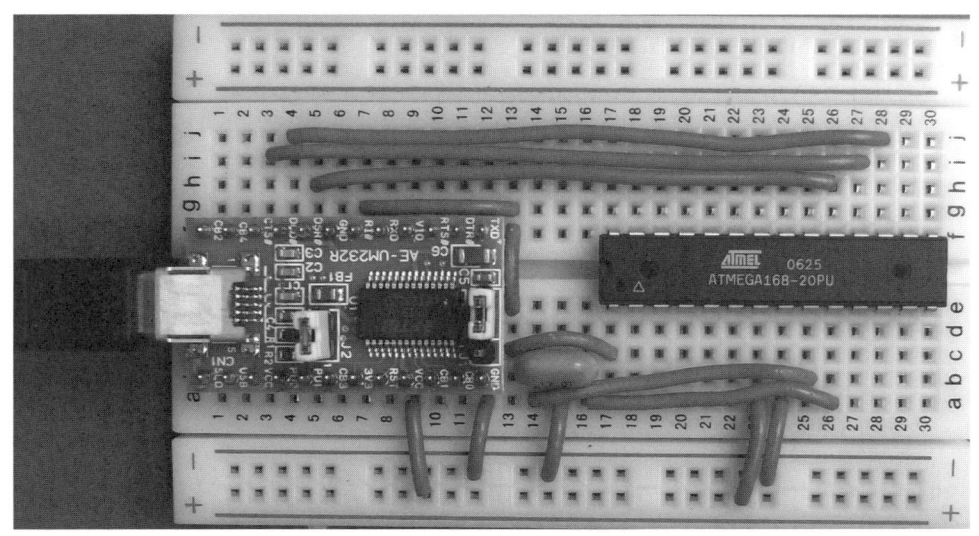

図1.1.1　AVRチップ専用USBライタ（ATmega168チップの例）

ブレッドボードでは、縦方向abcdeの5穴が電気的に結合されています。同様にfghijの5穴もつながっています。＋印は、1番から30番の30穴すべて横方向に電気的に結合されています。－印も同様です。図1.1.1に示すように13本の単線を間違えないように結線します。

---

* オヤイデ電気　http://oyaide.com/　　* タイガー無線　http://homepage3.nifty.com/tigermusen/

単線の皮をストリップする場合は、**先端の銅線が6mmから8mmくらい出る**ようにしてください。ストリップする銅線の長さが短い場合は、接触不良の原因になります。また、銅線が長すぎる場合は、ブレッドボードの下の方で、隣同士の銅線と接触する可能性があります。0.65 mm の単線のストリッパーは、100円ショップでも売られています（100円以上しますが…）。

FT232RL USB シリアル変換モジュールを少し詳しく調べてみましょう。図 1.1.2 に示すように、モジュールは 24 ピンです。このモジュールの場合、USB ミニ端子がついている方を、外側に向くようにブレッドボードの a 列と f 列に挿しています。**USB-A と USB ミニのケーブル**（秋月 150 円）をパソコンとモジュール間に接続します。USB ケーブルは何種類もあるので、間違えないように購入しましょう。

モジュールの GND ピンと Vcc ピンをそれぞれブレッドボードの－列と＋列に単線で接続します。モジュールの RI # ピンは、ATmega 168 の RESET 1 番ピンに接続されます。モジュールの DSR# ピン、DCD# ピン、CTS# ピンは、それぞれ ATmega 168 の SCK 19 番ピン、MOSI 17 番ピン、MISO 18 番ピンに単線で接続します。

図 1.1.3 に示すように、セラミック発振子は 3 本足です。真ん中のピンがグランドになっているので、USB シリアル変換モジュールの GND に接続します。残りの 2 本のピンは、ATmega 168 の XTAL 1（9 番ピン）と XTAL 2（10 番ピン）にそれぞれ接続します。セラミック発振子は発振周波数の精度が低いので、高い精度が必要な場合は**水晶発振子**を使います。

図 1.1.4 に ATmega 168 マイクロコントローラのピン配置を示します。ATmega 168 には、16 Kbytes（1 byte は 8 ビット、K は 2 進法での 1024 を表す）のフラッシュメモリと、512 bytes の EEPROM メモリと、1 Kbytes の SRAM メモリがあります。フラッシュメモリと EEPROM メモリは、不揮発性メモリと呼ばれ、電源を供給しなくても、メモリに書き込まれた内容は消えません。SRAM メモリは、電源を外すと、メモリ内の情報は消えます。このようなメモリを揮発性メモリと呼びます。その他、様々な機能設定のための内部レジスタが用意されています。

16 Kbytes のフラッシュメモリにプログラムを書き込むわけですが、最近のハードディスク（数百ギガ）の大きさに比べてたいへん小さいので、すぐに一杯になるのではないかと心配されるかもしれません。しかしながら、インターネット通信に使われている複雑な TCP/IP のプ

ロトコールスタック(プログラム群)がなんと8Kbytesしかないのです。USBプロトコールスタックは、1.5Kbytesしかありません。ATmega168の16Kbytesのプログラム空間は、結構大きいわけです。C言語プログラミングの中で使われる変数や定数は、Cコンパイラによって、すべて自動的にSRAMメモリに割り当てられます。EEPROMメモリは、データ測定値などを書き込む空間に使われたりします。

独自に作成したプログラム領域(ROM)とRAM領域の大きさを調べるには、次のchecksizeコマンドが便利です。main.binファイルは、main.hexを作成するときに生成されます。この場合、ROM領域が1824bytes、RAM領域が69bytesです。

```
$ checksize main.bin
ROM: 1824bytes (data=4)
RAM: 69bytes
```

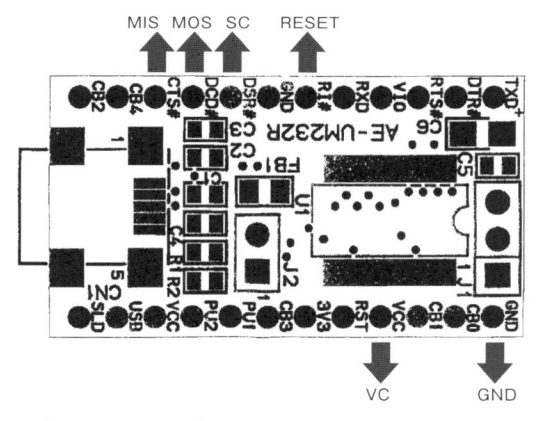

図1.1.2
FT232RL USBシリアル変換モジュール

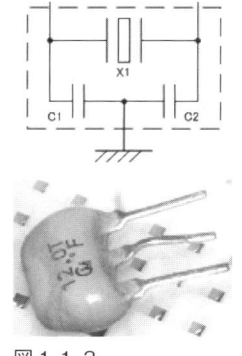

図1.1.3
3本足のセラミック発振子

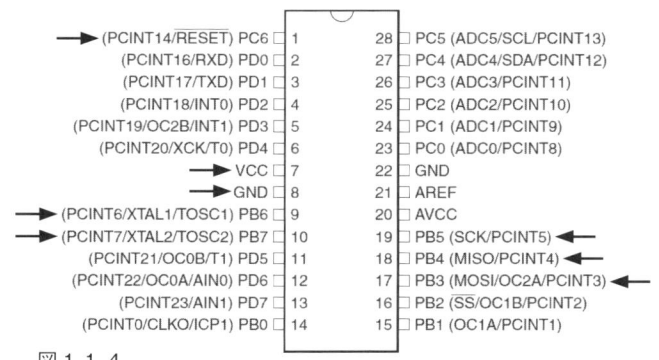

図1.1.4
ATmega168マイクロコントローラ(矢印は単線の結線が必要なピン)

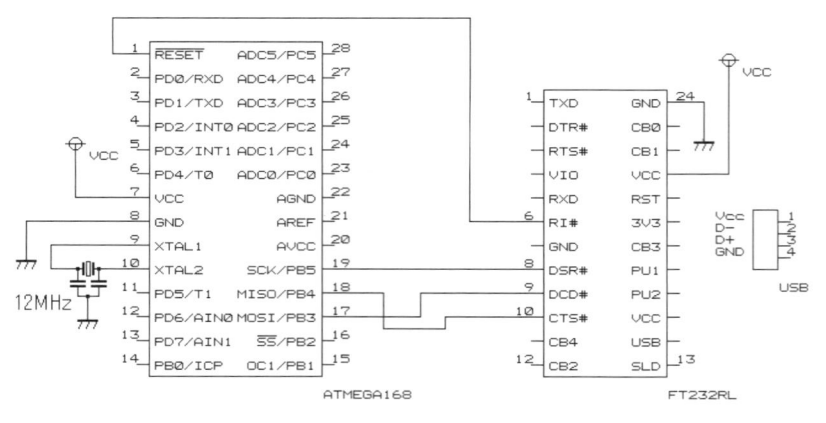

図1.1.5　AVRチップ専用USBライタの回路図

次のサイトからchecksizeをダウンロードしてください。

http://web.sfc.keio.ac.jp/~takefuji/checksize.zip

checksize.zipから解凍したchecksize.exeファイルを、cygwinの/binに格納します。解凍には、Lhaplusなどの解凍ソフトウェアをパソコンにインストールしてください。

```
$ mv checksize.exe /bin
```

図1.1.5に示すように、回路図とはチップ間の配線情報を提供する地図です。図1.1.5に示すように、GNDは⏚印で表示され、すべてのGNDを接続します。できるだけGNDは一点接地します。その理由は、GNDの抵抗によって、各GND間に電位差が生じるのを防ぐためです。また、Vccも同様にすべてのVccを接続します。Vccは、⊖印で表示します。ここでは、すべてのVccは＋5Vに接続します。

FT232RL USBシリアル変換モジュールを活用して、AVRチップ専用ライタにするには、パソコン側にソフトウェアのインストールが必要です。ここでは、安価なネットブックなどのWindowsXPシステム上でのインストールの仕方を説明します。初心者にとって、インストールは面倒な作業なので、簡単にインストールできるようにしました。

次のサイトからavrdudegui.exeファイルをダウンロードし、そのファイルをダブルクリックするだけで、FT232RLチップのデバイスドライバ（CDM 2.04.16.exe）を自動的に実行し、

デバイスドライバをパソコンにインストールします。また、avrdudegui (yuki-lab.jp version 1.0.5) プログラムもパソコンに同時にインストールします。

http://web.sfc.keio.ac.jp/~takefuji/avrdudegui.exe

インストールした後、AVR チップ専用 USB ライタとパソコンの間を "USB-A と USB ミニのケーブル" で接続します。接続すると、パソコンの画面に図 1.1.6 の表示が現れます。真ん中を選択して、"次へ" をクリックします。図 1.1.7 のように、推奨を選択し、"次へ" をクリッ

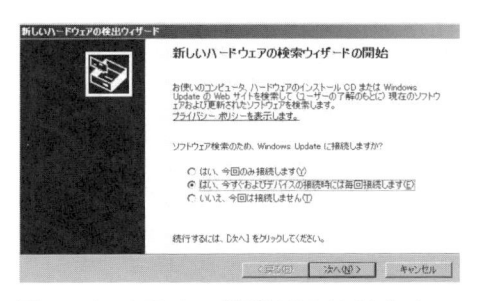

図 1.1.6　AVR チップ専用 USB ライタをパソコン接続時の初期画面

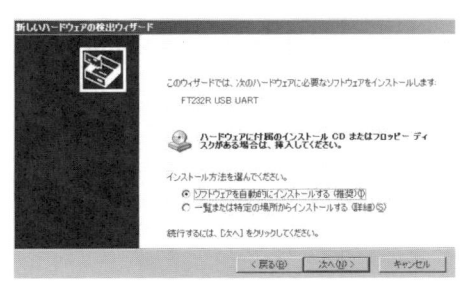

図 1.1.7　AVR チップ専用 USB ライタをパソコン接続時

クします。

図 1.1.8 の画面がでれば、デバイスドライバのインストールは完了です。

次に、パソコンのデスクトップ上にできた、"avrdudegui" ファイルをダブルクリックしてください。もしも、図 1.1.9 のようなエラーが出る場合は、次のサイトから dotnetfx.exe をダウンロードしてください。

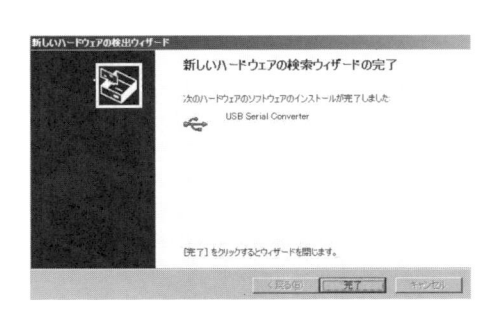

図 1.1.8 AVR チップ専用 USB ライタをパソコン接続時

http://web.sfc.keio.ac.jp/~takefuji/dotnetfx.exe

dotnetfx.exe ファイルをダブルクリックし、.Net framework 2.0 をパソコンにインストールします。

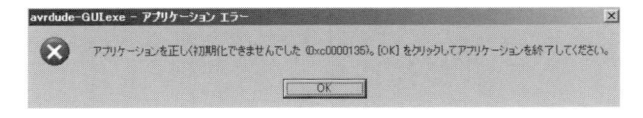

図 1.1.9
.Net framework 2.0。インストールが必要なエラーメッセージ

avrdudeguiが起動すると図1.1.10が表示され、ProgrammerにはFT232R Synchronous BitBang (diecimila) を選択してください。また、DeviceにはATmega168を選択し、Command line Optionには、"-P ft0 -B 4800"の文字列を入力します。ソフトウェアとハードウェアの検証のために、FuseのReadボタンをクリックして、hFuse、lFuse、eFuse、が読み込めれば、すべて順調です。hFuse=DF、lFuse=62、eFuse=01であれば、正常です。

図1.1.10　avrdudeguiの設定画面

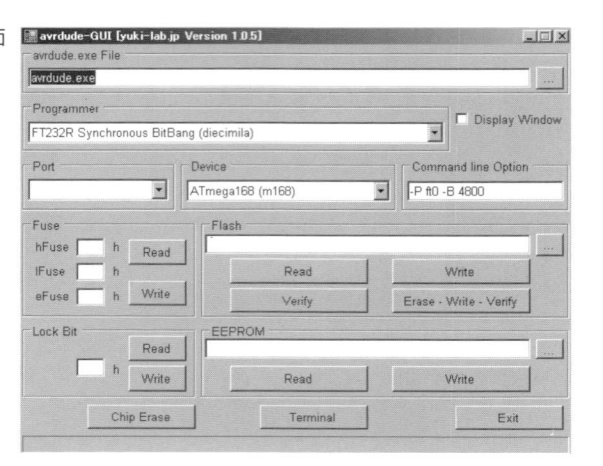

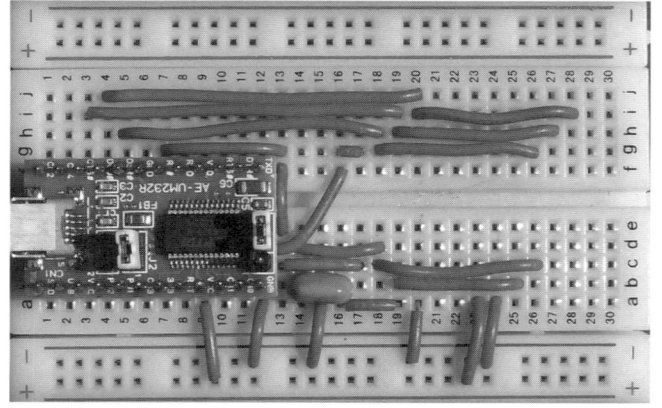

図1.1.11
ATmega168とTiny85も可能にしたAVRライタ配線回路

図1.1.11のようにAVRライタ回路を配線すると、ATmega168だけでなく、8ピンの**Tiny85**なども読み書き可能になるのでたいへん便利です。AVRの専用ライタは、必要な配線とブレッドボードにFT232RL USBシリアル変換モジュールを挿すだけで完成します。

チャレンジ！問題

問題 1-1： さまざまな USB 型 AVR ライタが世の中にありますが、もっと簡単な USB 型 AVR ライタがあるか調べてみましょう。

1.2 Cygwin と WinAVR ツールのインストールと LED 表示回路

Cygwin のインストール

　Linux や FreeBSD、MacOS であれば、cygwin をインストールする必要はありませんが、WindowsOS（XP、Vista、Windows7）であれば、次のサイトから setup.exe ファイルをダウンロードして、setup.exe ファイルをダブルクリックします。

　　　http://cygwin.com/setup.exe

セットアップは次の手順で実行してください。

1. "Install from Internet" を選択します。
2. Root Directory に "C:\cygwin" を入力します。
3. Local Package Directory に "C:\cygwin" を入力します。
4. Direct Connection を選択します。
5. ftp://ftp.jaist.ac.jp などの日本サイトを選択します。
6. 必要なパッケージをインストールします。
　　ここで最小限必要なパッケージとは、gcc-core、gcc-g++、wget、tar、vim、unzip とすべての Libs（ライブラリ）をインストールします。後からでも、他のパッケージをインストールできるので、必要に応じてパッケージをインストールしてください。

WinAVR のインストール

　次のサイトから、WinAVR ツールインストールファイルをダウンロードします。

　　　http://sourceforge.net/projects/winavr/

第1章　インターネット・ガジェット創作のための開発環境

図1.2.1
WinAVRインストール初期画面

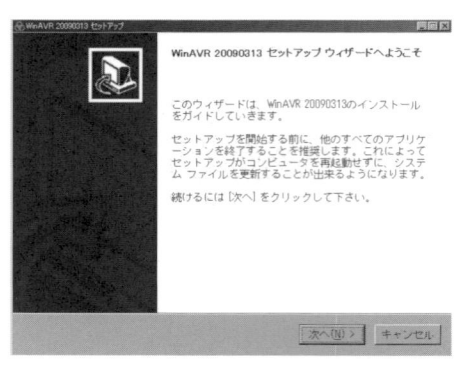

図1.2.2　WinAVRインストール画面2

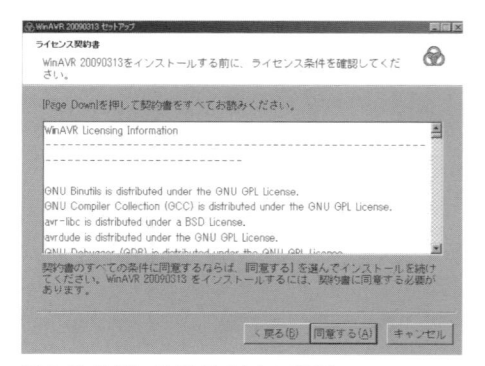

図1.2.3　WinAVRライセンス画面

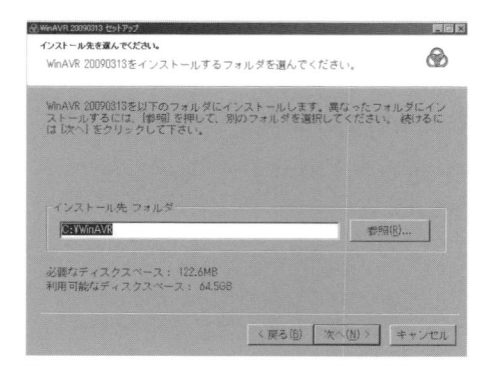

図1.2.4　WinAVRインストール先の設定

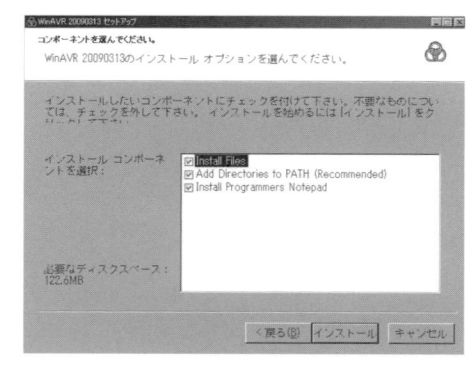

図1.2.5　インストール開始画面

　ダウンロードしたWinAVR-xxx-install.exeファイルをダブルクリックして、パソコンにインストールします。図1.2.1の表示がパソコンの画面に現れます。OKをクリックすると、図1.2.2が表示されるので、"次へ"をクリックします。図1.2.3に示すように、"同意する"をクリックします。図1.2.4に示すように、WinAVRのインストール先を設定します。ここでは、"c:\WinAVR"を設定します。図1.2.5のように、インストールをスタートします。完了画面がでれば、WinAVRのインストールは終了です。

　WinAVRツールがパソコンに正しくインストールされているかどうか確かめるために、次の

サイトから led 0-168.zip ファイルをダウンロードして、解凍します。

   http://web.sfc.keio.ac.jp/~takefuji/led0-168.zip

led 0-168.zip ファイルを解凍すると、図 1.2.6 のように四つのファイルが生成されます。

図 1.2.6　テスト用ファイル

 led-168.pnproj ファイルをダブルクリックすると、図 1.2.7 に示すように Programmer's Notepad が立ち上がります。ここで、Tools メニューの "Make All" を実行します。実行後に図 1.2.8 のように、main.hex ファイルが生成されます。

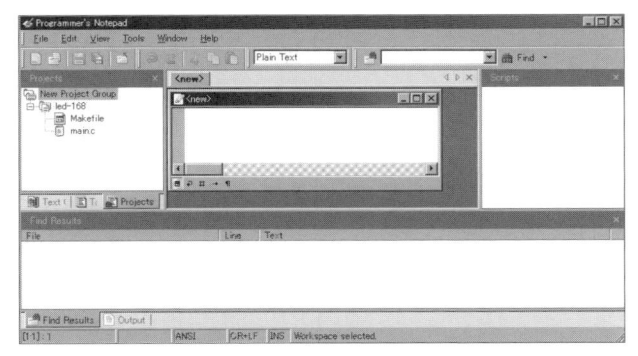

図 1.2.7
Programmer's Notepad の起動

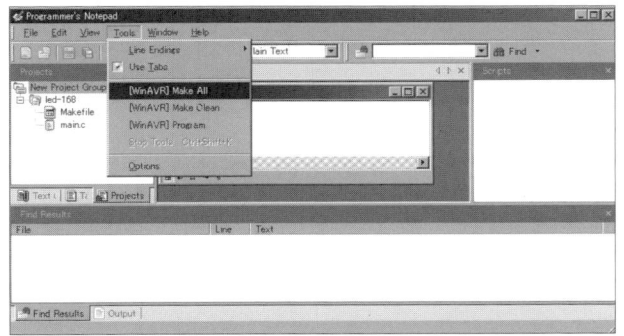

図 1.2.8
Make All を実行する

ここで図1.2.9に示すように、avrdudeguiのFlashメニューの矢印ボタンをクリックし、main.hexファイル開きます。パソコンとUSBライタが接続していることを確認し、ATmega168がライタに挿してあることもチェックしてください。次にErase-Write-Verifyボタンをクリックすれば、main.hexプログラムをATmega168チップに書き込みます。

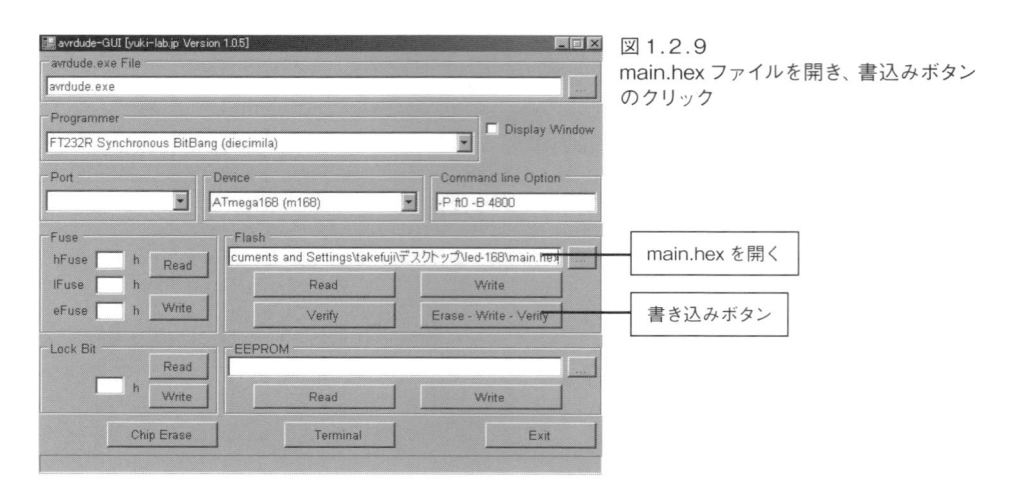

図1.2.9
main.hexファイルを開き、書込みボタンのクリック

ハードウェアとしては、図1.2.10の小型のブレッドボード（秋月150円）に10本の単線を接続します。

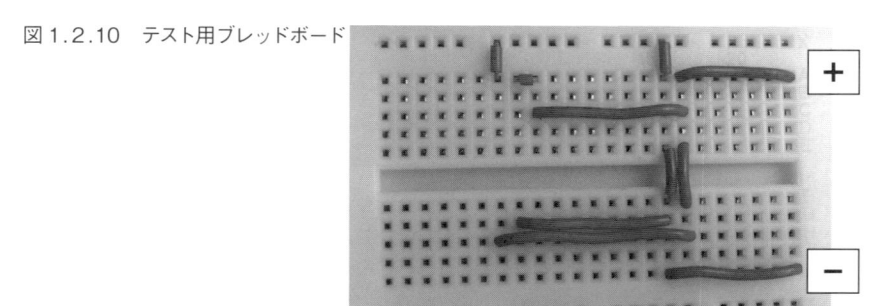

図1.2.10　テスト用ブレッドボード

先ほど、書き込んだATmega168と超高輝度LED（赤色）を図1.2.11のように接続します。LEDはATmega168の28番ピンとGNDとの間に接続します。CR2032ボタン電池（3V）をボタン電池基板取付用ホルダーに入れて、図のようにブレッドボードの端に差し込みます。

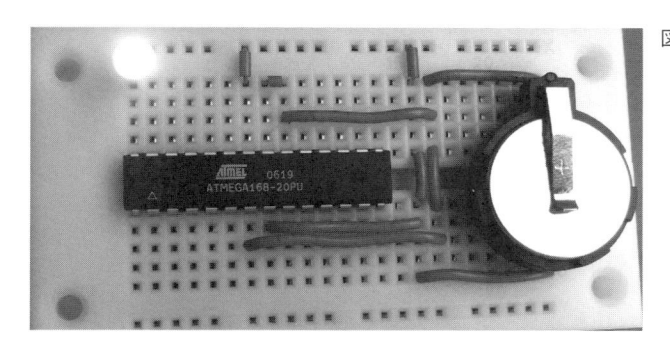

図 1.2.11　LED テストプログラム

　超高輝度赤色 LED（5mm 18cd）は、10 個で 200 円です（秋月）。18cd は 18 カンデラのことです。図 1.2.12 に示すように、LED の 2 本足のうち根元の太い足の方が**カソード**で GND に接続します。細い足の方がアノードです。LED のアノードは、ATmega168 の 28 番ピンにつながっています。

　LED はダイオードの一種です。両端に順方向（アノードの方が高い電位でカソードの方が低い電位）にかける電圧を上げていくと、あるところで急に電流が流れるようになります。この電圧のことを、V_f（Forward Voltage）と呼んでいます。簡単に言うと、V_f 以上の電圧を与えないと LED は光りませんし、電流も流れません。この超高輝度 LED は、V_f が 2.2V です。メーカーによって、この V_f は ± 20%ほど変動します。

図 1.2.12　超高輝度赤色 LED（V_f：2.2V、5mm サイズ）

　AVR ライタがパソコンで認識できなければ、次のサイトから FT232 用のドライバをパソコンにインストールしてください。

　　http://www.ftdichip.com/Drivers/D2XX.htm
　　http://www.ftdichip.com/Drivers/VCP.htm

チャレンジ！問題

問題 1-2: cygwin のコマンドは、UnixOS（Linux や FreeBSD や MacOS）で使われている便利なコマンドです。次のコマンドを実行して、その結果を調べてみましょう。

```
$ set
$ set|grep PATH
$ pwd
$ which avr-gcc
$ cd ..; ls
$ cd c:; ls
```

問題 1-3: cygwin では、bash シェルが実行されています。頻繁に使うコマンドに、which, grep, ls, ps, ipconfig, pwd, cd, vim, cat, date, ssh, scp, wget, tar, unzip があります。それぞれのコマンドの意味と使い方を練習しましょう。

1.3　LED 点滅表示のための C 言語プログラミング

1.2 節で実験した小さな C プログラムを見てみましょう。led0-168.zip のファイル内の main.c はプログラムソースと呼ばれます。main.c のプログラムソースを図 1.3.1 に示します。

```c
/* LED flash using ATmega168 designed by takefuji on sept. 22, 2009*/
#define F_CPU 1.0E6      //1MHz のクロック周波数を宣言
#include <avr/io.h>      // 入出力ライブラリ
#include <util/delay.h>  // 遅延時間ライブラリ

int main(void)
{
for(;;){DDRC=0x20;
  PORTC=0x20;_delay_ms(500);
  PORTC=0x00;_delay_ms(500);}
}
```

図 1.3.1　led0-168.zip の main.c プログラム（1 秒毎の点滅）

C 言語のプログラミングでは、すべての表現は関数として考えます。プログラムは関数の集合体であり、その中には必ず一つの main 関数が必要です。常に、main 関数からプログラム実行を開始します。また、main 関数の中の上から下の行に向かって逐次実行していきます。もちろん、割り込みの場合は、割り込み機能が起動されると現在のプログラムを中断して、割り込み処理をしてから、元の状態に戻り継続します。

　図 1.3.1 では、二文字記号 "/*" と二文字記号 "*/" の間に挟まれた文字列は、すべてコメント行になります。複数行でもコメント可能です。また、"//" 記号の後ろもコメントとなります。これは、1 行だけです。

　"#define"、"#include"、"int main(void)" などが理解できれば、このプログラムが何をしようとしているのか理解できるかもしれません。

　まず、"#define" はユーザが定義できる、定義文です。ここでは、F_CPU（グローバル変数）は 1.0 E 6、つまり ATmega 168 チップのクロック周波数は、10^6 Hz = 1 MHz であることを宣言します。すべてのプログラム実行は、クロックによって制御されます。AVR チップは、RISC（reduced instruction set computer）タイプのコンピュータなので、複雑な命令を除いて、多くの命令セットは、1 クロックで 1 命令を実行できます。

　"#include" の include は含みなさいとコンパイラに命令しています。具体的には、"#include" は、avr-gcc の C 言語コンパイラのライブラリ（AVR-libc）を利用しなさいと宣言しています。xxx.h はライブラリのヘッダーファイルと呼ばれ、include ディレクトリ置いてあるファイルで、利用者が理解できる C 言語で記述されています。その xxx.h の中では、いろいろな関数などが定義してあります。実際のライブラリは、lib ディレクトリにある実行ファイルです。コンパイラはそれらのライブラリ実行ファイルをリンクします。

　<avr/io.h> は、ATmega 168 チップの入出力機能を使うために入出力ライブラリを使うことを宣言しています。同様に、<util/delay.h> は遅延関数を使うことを宣言しています。<avr/io.h> ライブラリ情報は、パソコンの C:\WinAVR\AVR\include\AVR にあり、<util/delay.h> ライブラリ情報は、C:\WinAVR\AVR\include\util にあります。この遅延関数は先ほどのグローバル変数 F_CPU と連動していて、CPU スピードを定義することによって、自動

的に正確な遅延時間を作ってくれます。_delay_ms(500);は500ms(ミリ秒)の遅延時間を作ってくれます。

C言語では、必ずプログラム中にmain関数がなくてはいけません。int main(void)とは、main関数は整数関数であり、戻り値は整数を返すと言う意味です。main関数の"void"とは、この関数が引数を取らないことを意味します。"{"と"}"は重要なシンボルで、関数の始めと終りを定義しています。つまり、"{"と"}"で囲まれた部分は、一かたまりの関数ということです。"void xxx(void)"の関数の場合は、戻り値なしで引数なしのxxx関数になります。C言語では、main関数内で上から下の行に向かって逐次実行していきます。

この例では、main関数の中にfor文が一つあります。for(;;)は無限ループを意味します。つまり、forループの中を無限回繰り返せという実行です。つまり、強制終了しない限り、forループを無限回実行します。関数内で定義されていない変数はグローバル変数です。ここでは、DDRC、PORTCなどがグローバル変数です。これらのグローバル変数は、先ほど説明した<avr/io.h>ライブラリで定義されています。

```
for(;;){DDRC=0x20;PORTC=0x20;_delay_ms(500);
  PORTC=0x00;_delay_ms(500);}
```

for文の中には、五つの関数があります。一つの関数は、セミコロン";"で終了します。"DDRC=0x20;"は、代入文です。0x20とは、16進法("0x")で20のことを意味します。2進法で説明すると、DDRCに8bitのデータで0010 0000を代入すること表現しています。DDRCとは、ATmega168に用意してある内部レジスタで、Cポートの入出力設定を行います。DDRCが理解できなければ、ATmega168のPDFマニュアルを検索しましょう。すべてのAVRのレジスタは基本的に8ビット長です。

ポートとは、入出力ビットの集まりのことで、図1.1.4で示したようにATmega168には、8ビットのBポート、8ビットのDポート、7ビットのCポートの三つのポートがあります。ATmega168には、合計23ビットの入出力ビットがあるということです。このプログラムでは、7ビットのCポートの入出力を設定しています。入出力は、各ビット独立して設定できます。DDRCのいずれかのビットに1が立つと、そのビットは出力設定になります。また、DDRCのいずれかのビットが0であれば、そのビットは入力設定となります。"DDRC=0x20;"とは、

PC5（CポートPC5）を出力ビットに設定せよということです。Bポートであれば、DDRBが入出力設定レジスタになります。

　LEDをCポートの別ビットに接続しても、LEDは光らないはずです。なぜならば、Cポートの他のビットは、入力に設定されているからです。LEDが点滅するためには、0のデータと1のデータを交互にPC5に出力します。出力に設定したbitに対して、データを出力するには、PORTC=0x20;のようにPORTCに代入すればよいわけです。PORTC=0x00;はPORTCのPC5に0を出力します。PORTC=0x20;は1をPC5に出力します。図1.3.2のように3V（ボタン電池の電圧）と0VのデータがPC5に交互に出力されるので、LEDが点滅するわけです。AVRマイクロコントローラの出力は、電源電圧の値が論理値1で、論理値0が0Vになります。

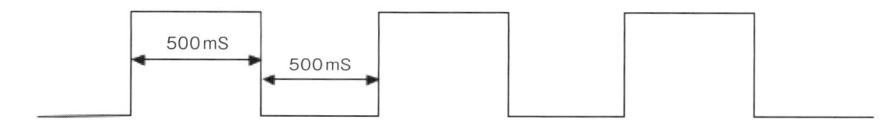

図1.3.2 PORTCのPC5に1と0を繰り返し出力する

次に、led1-168.zipを次のサイトからダウンロードして、解凍します。
　　　http://web.sfc.keio.ac.jp/~takefuji/led1-168.zip
led1-168.zipを解凍すると、図1.3.3に示すmain.cが現われます。

```
/* LED flash using ATmega168 designed by takefuji on sept. 22, 2009*/
#define F_CPU 1.0E6     //1MHz clock
#include <avr/io.h>
#include <util/delay.h>

int main(void)
{
 unsigned char i;

for(;;){DDRC=0x20;
  for(i=0;i<10;i++){PORTC=0x20;_delay_ms(1); PORTC=0x00;_delay_ms(9);}
```

```
        _delay_ms(100);
            }
    }
```

図1.3.3 led1-168.zipのmain.c(200m秒点滅)

　led0-168のmain.cとの大きな違いは、"unsigned char i;"です。これは、iという8bitの符号なし変数を定義しています。先ほどは、500m秒毎に1になったり0になったりしましたが、この場合は、1m秒の1と9m秒の0を10回繰り返し、100m秒の間0を出力し、200m秒の周期を繰り返します。200m秒の周期で点滅しているように見えていても、光っているときの周期は10m秒です。このようにパルス幅をコントロールする方法を、**PWM**（Pulse Width Modulation）と呼びます。この点灯している時間幅を変化させることによって、電圧を変えることなく、PWM手法でLEDを暗くしたり明るく光らせたりコントロールできます。

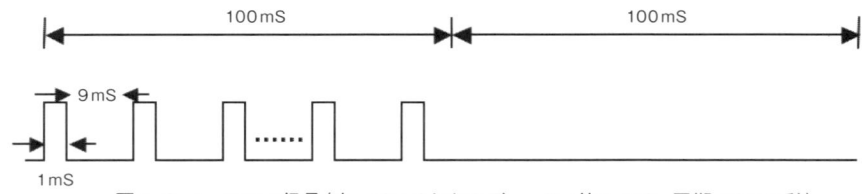

図1.3.4　PWM信号(光っているときのデューティ比1/10、周期200m秒)

　超高輝度LEDの最大電流が100mAだとしても、PWMでは150mA流すことが可能になります。ただし、デューティ比をコントロールする必要があります。PWMでは、明るく光らせて、しかも消費電力を小さくできます。

　デューティ比とは、1周期に占める1のパルス幅の割合のことです。この場合、周期は10m秒で1のパルス幅は1m秒なので、デューティ比は1/10になります。デューティ比を小さくすれば暗くなるわけです。

　for(i=0;i<10;i++)は、10回のループを作っています。i=0から始まり、i++でiが1ずつインクリメントされ、i=9で終了します。forループでは、for（初期条件;終了条件;最初期化）になります。i++は、i=i+1と同じ意味になります。

for(i=0;i<10;i++){PORTC=0x20;_delay_ms(1); PORTC=0x00;_delay_ms(9);} を実行すると、図 1.3.4 に示すように、for ループ内では、PORTC=0x20; によって PC5 に 1 を出力し、1m 秒の遅延、PORTC=0x00; によって PC5 を 0 にして、9m 秒の遅延を生み出します。for(i=0;i<10;i++) は、10m 秒の周期(1m 秒の 1 出力、9m 秒の 0 の出力)を 10 回繰り返します。図 1.3.4 に示す 200m 秒の周期を for(;;) によって、無限回繰り返します。

遅延関数には、_delay_ms(x) のほかに _delay_us(x) があります。_delay_us(x) は μS(マイクロ秒) の遅延を作ります。変数 x は浮動小数点になります。精度の高い遅延時間を作るには、_delay_loop_1(x) と、_delay_loop_2(x) の 2 種類が用意してあります。変数 x は、_delay_loop_1 では符号なし 8bit、_delay_loop_2 では符号なし 16bit を与えます。_delay_loop_1 では、1 ループ当たり、3 クロック分の遅延時間になります。_delay_loop_2 では、1 ループ当たり、4 クロックの分の遅延時間になります。例えば、CPU クロックが 1MHz の場合、_delay_loop_1(5) は $1\mu S \times 3 \times 5 = 15\mu$ 秒の遅延時間を作ります。_delay_loop_2(8) は、$1\mu S \times 4 \times 8 = 32\mu$ 秒の遅延時間になります。

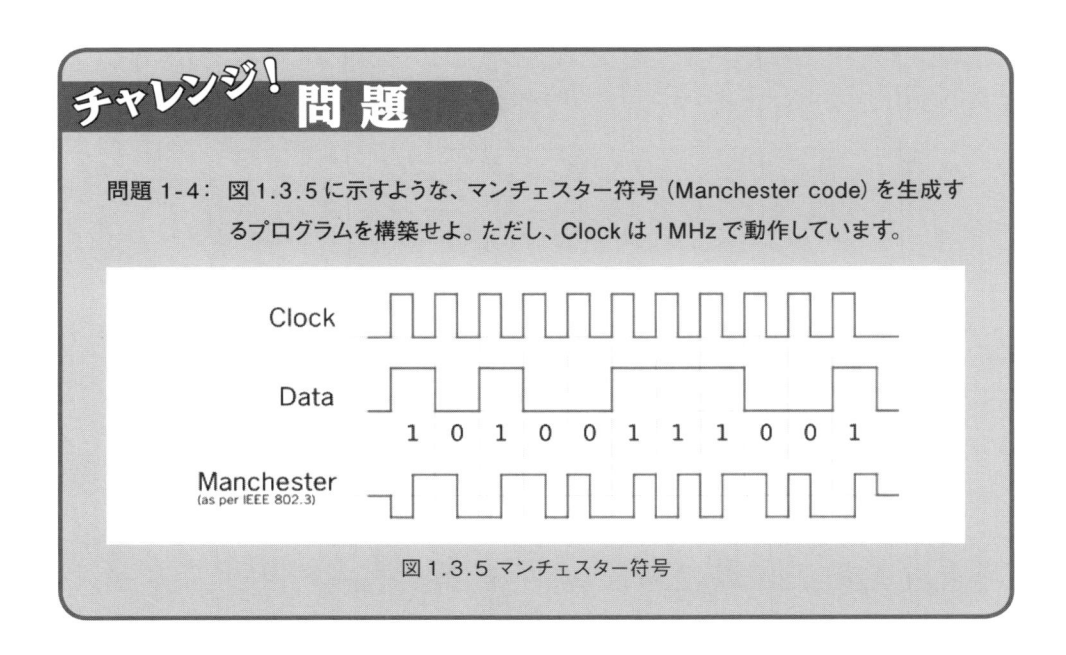

チャレンジ！問題

問題 1-4: 図 1.3.5 に示すような、マンチェスター符号 (Manchester code) を生成するプログラムを構築せよ。ただし、Clock は 1MHz で動作しています。

図 1.3.5 マンチェスター符号

第 2 章　電子部品の簡単な使い方、回路図エディタと電子回路シミュレータ

本章では、抵抗、キャパシタ、ダイオード、LED、トランジスタ、センサー(温度、湿度、圧力、気圧、方位、位置) などの電子部品の簡単な使い方を紹介します。

2.1　抵抗とキャパシタ

▶▶抵抗

抵抗はΩ（オーム）で表します。例えば1kΩの抵抗は三つのカラーコードで表される。四つめの色は誤差を表す。カラーコードは、カラーはそれぞれの数値に対応しています。

黒	茶	赤	橙	黄	緑	青	紫	灰	白
0	1	2	3	4	5	6	7	8	9

例えば、茶黒赤の場合、茶が1、黒が0、赤が2なので、次のように計算できます。

（茶・黒・赤）= $10 \times 10^2 = 1000 \, \Omega$ になります。

次の例では、（黄・紫・赤）なので、

（黄・紫・赤）= $47 \times 10^2 = 4.7 \mathrm{k}\Omega$

回路図での記号は ―⩗― です。
直列つなぎの抵抗値 R は $R = R_1 + R_2$
$R_1=1\mathrm{k}\Omega$、$R_2=4.7\mathrm{k}\Omega$のとき、R = 5.7kΩになります。

並列つなぎの抵抗値 R は $\frac{1}{R} = \frac{1}{R_1} + \frac{1}{R_2}$ で計算できます。

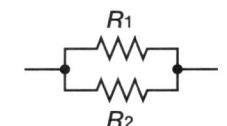

$R_1=R_2=1\mathrm{k}\Omega$ のとき、R は 500 Ω となります。

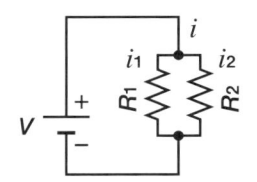

図 2.1.1 二つの抵抗の並列回路

図 .2.1.1 に示すときに合成抵抗値 R を導いてみます。

オームの法則　V（電圧）$= I$（電流）$\cdot R$（抵抗）

1. R_1 と R_2 両端の電圧は V に等しいので、次の 2 式が成立します。

    $V = i_1 \cdot R_1$　　i_1 は R_1 に流れる電流

    $V = I_2 \cdot R_2$　　i_2 は R_2 に流れる電流

2. 電流 i の総和は i_1+i_2 なので、

    $i = i_1 + i_2$

3. 電圧 $V = i$（電流）$\cdot R$（合成抵抗）です。

    $V = i \cdot R$

1. より $V = i \cdot R$ → $i = V/R$、

2. に 1. を代入し 3. より、$i = i_1 + i_2 = V/R_1 + V/R_2 = V/R$ となります。つまり、$V/R_1 + V/R_2 = V/R$ となり、両辺を V で割ると、

$\dfrac{1}{R} = \dfrac{1}{R_1} + \dfrac{1}{R_2}$ となります。

▶▶キャパシタ

並列つなぎのキャパシタ C は $C = C_1 + C_2$

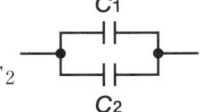

直列つなぎのキャパシタの値 C は $\dfrac{1}{C} = \dfrac{1}{C_1} + \dfrac{1}{C_2}$

オームの法則を用いて、$\dfrac{1}{C} = \dfrac{1}{C_1} + \dfrac{1}{C_2}$ を導いてみます。

電荷量 Q は $Q = V$(電圧)$\cdot C$(キャパシタンス)

1. $Q_1 = C_1 \cdot V_1$ （V_1 は C_1 の電圧）
2. $Q_2 = C_2 \cdot V_2$ （V_2 は C_2 の電圧）
3. $V = V_1 + V_2$
4. $Q = C \cdot V$
5. $Q = Q_1 = Q_2$

$1/C = V/Q = (V_1+V_2)/Q = (Q_1/C_1 + Q_2/C_2)/Q$ より、$\dfrac{1}{C} = \dfrac{1}{C_1} + \dfrac{1}{C_2}$

キャパシタの容量値は色ではなく三つの数字で表現される場合があります。例えば、キャパシタの表示が 103 の場合は $10 \times 10^3 = 10000\,\mathrm{pF} = 0.01\,\mu\mathrm{F}$（マイクロファラッド）

チャレンジ！問題

問題 2-1: 抵抗値 R が等しい 12 本の抵抗が下図のように接続されています。C と D 間の抵抗値、C と H 間の抵抗値、A と G 間の抵抗値をそれぞれ求めなさい。

ヒント： オームの法則を使います。同電位（同じ電圧）のところは、短絡（接続）してもかまいません。二点間に電池を接続したときの電流の流れを考えながら、同電位のか所を見つけ出し、それらの同電位のか所を短絡（接続）します。

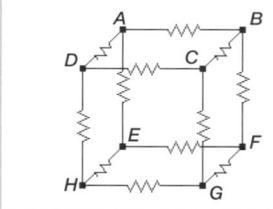

2.2 3端子レギュレータ

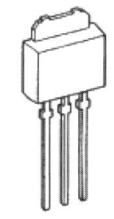

図 2.2.1 3端子レギュレータ:TA 48 M 033 F、TA 48033 S

IN GND OUT

3端子レギュレータは、図 2.2.1 のように 3 本足の物が多くあります。IN の電圧は必ず、OUT の電圧よりも高くなくてはいけません。USB の電圧は +5V なので、まったく問題なく +3.3V に変換してくれます。電流容量に応じて、適宜 3 端子レギュレータを選択してください。3 端子レギュレータの入力最大電圧にも注意しましょう。また、発振防止用のキャパシタを必ず 3 端子レギュレータの入出力に接続します。この場合は GND との間に、入力には $0.1\mu F$、出力には $33\mu F$ 以上のキャパシタが必要です。

チャレンジ！問題

問題 2-2: どのようなレギュレータが世の中にあるのか調べて見ましょう。

2.3 ダイオードと LED

ダイオードも **LED** も一方向に電流が流れやすい素子である。

また、障壁電圧 V_f(超高輝度赤色 LED では 2.2V ぐらい、シリコンダイオードは 0.8V ぐらい)よりも高い電圧を加えなければ電流は流れません。

A アノード ±▷= K カソード

例えば、図 2.3.1 のように 3V の電池をつないだ場合、障壁電位を超えているので、自動的にダイオードならば 0.8V、超高輝度赤色 LED ならば約 2.2V の電位が両端で保たれます。

抵抗の両端の電位は赤色 LED ならば 0.8 V（= 3 − 2.2）、ダイオードならば 2.2 V（= 3 − 0.8）になります。

電圧 V = 電流 I・抵抗 R　なので、

ダイオードの場合、電流 I は I = 2.2/220 = 0.01 A = 10 mA となります。

図 2.3.1 ダイオード・LED 回路

超高輝度白色 LED は、約 3.4 V ぐらいになります。

逆電圧で定電圧になるのが、**ツェナーダイオード**です。通常のダイオードと逆方向にカソード側からアノード側に電流を流すことができます。定電圧にするときに大変便利です。様々な電圧の定電圧ツェナーダイオードがあります。

図 2.3.3 に示すように、3.6 V のツェナーダイオードを使うと、USB ガジェットを簡単に作ることができます。3.6 V のツェナーダイオードのおかげで、USB の D+ と D− 信号電圧は、常に 3.6 V 以下にはなります。USB 信号では、論理値 1 は 3 V から 3.6 V である必要があります。3.6 V のツェナーダイオードを使った場合、マイクロコントローラの電源電圧を 5 V にできるので、最大 20 MHz までのクロック周波数で駆動できます。3 端子レギュレータを利用する場合は、電源電圧が例えば 3.3 V などに下がるので、マイクロコントローラの最大クロック周波数は当然低くなります。

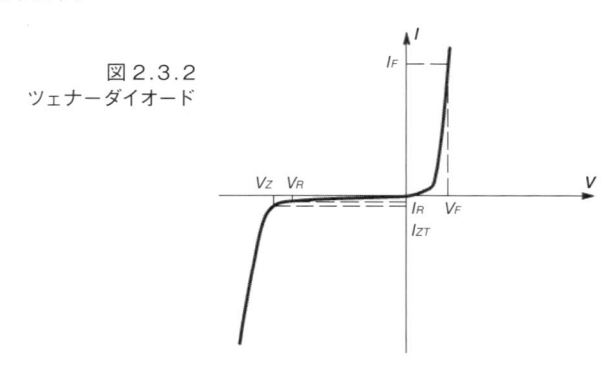

図 2.3.2
ツェナーダイオード

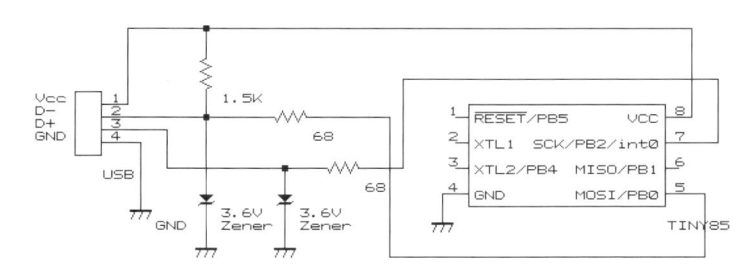

図 2.3.3 3.6V ツェナーダイオードを利用した USB ガジェットの回路図

チャレンジ！問題

問題 2-3： どのような電圧のツェナーダイオードがあるのか調べてみましょう。

2.4　バイポーラトランジスタと MOSFET トランジスタ

バイポーラトランジスタには **PNP 型**と **NPN 型**の 2 種類があり、日本では 4 種類の記号があります。(2SA, 2SB, 2SC, 2SD)

2SAxxx　　　PNP 型
2SBxxx　　　PNP 型
2SCxxx　　　NPN 型
2SDxxx　　　NPN 型

欧米では、まったく違う型番と番号になります。

図 2.4.1 NPN 型と PNP 型のトランジスタ

バイポーラトランジスタをスイッチとして使う場合、ベースとエミッタ間の障壁電位 (0.75 V) を超える電位を順方向に加えるとベース・エミッタ間は 0.75 V になり、コレクタ・エミッタ間は同電位になります。

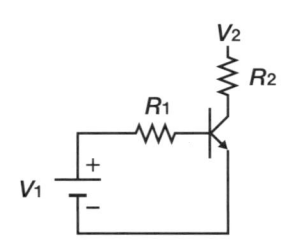

図 2.4.2
NPN 型トランジスタをスイッチとして使う回路

$V_1 > 0.75\,\mathrm{V}$ の場合コレクタ・エミッタ間のスイッチは ON になり、コレクタ・エミッタは同電位になります。

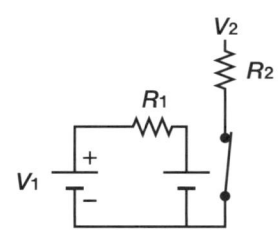

図 2.4.3
NPN 型トランジスタが ON 状態

$V_1 < 0.75\,\mathrm{V}$ の場合、コレクタ・エミッタ間はスイッチ OFF になります。

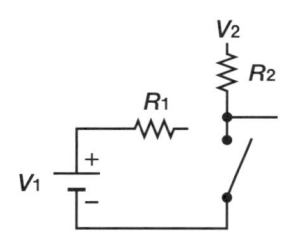

図 2.4.4
NPN 型トランジスタが OFF 状態

例えば、$V_1 = 3\,\mathrm{V}$、$V_2 = 5\,\mathrm{V}$、$R_1 = R_2 = 4.7\,\mathrm{k\Omega}$ では、

R_1 の抵抗には $(3\,\mathrm{V} - 0.75\,\mathrm{V})/R_1$ の電流が流れます。また、コレクタ・エミッタ間は同電位になり、コレクタの出力は $0\,\mathrm{V}$ となります。

例えば、$V_1 = -1\,\mathrm{V}$、$V_2 = 5\,\mathrm{V}$、$R_1 = R_2 = 4.7\,\mathrm{k\Omega}$ では、
コレクタ・エミッタ間はスイッチ OFF になり、コレクタの電位は V_2 となります。

バイポーラトランジスタに代わってよく使われる部品が、MOSFET です。**MOSFET** には様々な種類がありますが、大きく分けると N 型(2SK)と P 型(2SJ)があります。バイポーラトランジスタと同様に 3 本足で、ソース・ドレイン・ゲートの端子があります。MOSFET はバイポーラに比べて、制御が簡単です。例えば N 型 MOSFET の場合、スイッチングのために

は、ゲート閾値電圧（ソースに対するゲート電位）を超える電圧をかけるとソース・ドレイン間はON状態になります。それ以外は、ソース・ドレイン間はOFF状態になります。

　MOSFETは、バイポーラトランジスタと違って、ゲートには電流は流れず、電圧駆動型と呼ばれています。ゲート電圧によって、MOSFETをON/OFFできます。最近では、MOSFETのON抵抗値も大変小さくなり、スイッチングも早く、さまざまな分野で使用されています。MOSFETの方がバイポーラトランジスタよりも設計が簡単です。

　P型とN型を組み合わせて制御するHブリッジ（四つのMOSFET）があり、直流モータ制御に応用されています。AとCがP型MOSFET、BとDがN型MOSFETです。AとDのMOSFETをONにすると、モータMは回転します。また、BとCのMOSFETをONにすると、モータMが逆回転します。Hブリッジで注意しなくてはいけないことは、AとB，または、CとDを同時にONにしないことです。AとB，または、CとDを同時にONにすると、大電流がMOSFETを通過して、一瞬にしてMOSFETを破壊します。使う最大電圧と最大電流に合わせて、適切なMOSFETを選択しなくてはいけません。

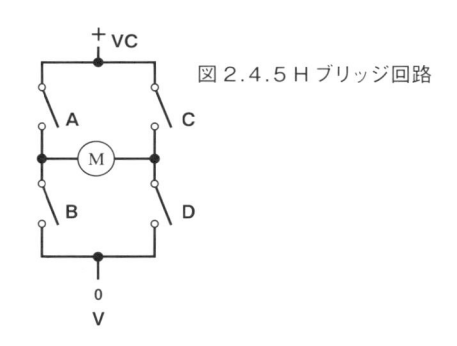

図2.4.5 Hブリッジ回路

チャレンジ！問題

問題2-4： ON抵抗値が極めて小さいN型MOSFETとP型MOSFETを調べてみましょう。

問題2-5： 直流モータをコントロールする回路には、Hブリッジ回路が入ってものがあります。どのようなものがあるか調べてみましょう。

問題2-6： バイポーラトランジスタでは必ずバイアスが必要ですが、MOSFETの場合必要ありません。バイアスとは何か調べてみましょう。

2.5　センサー（温度、湿度、照度、気圧、方向、距離、加速度）の使い方

　世の中には数え切れないほど多数の**センサー**が存在します。その一つひとつを説明するのではなく、包括的な使い方を基礎から説明します。センサーからの信号には、アナログ値とディジタル値があります。**アナログセンサー**では、抵抗値・静電容量・電圧・電流などが変化するものがあります。**ディジタルセンサー**では、測定ディジタル値を I^2C などのインターフェイスで読み取ることができます。I^2C インターフェイスとしてディジタル気圧センサー（BMP 085）、Basic Stamp 用の磁気コンパス（HM 55 B）を使った実例を詳しく説明します。ディジタルセンサーの中には、測定値をディジタルパルス幅変化（PWM）させたりするものもあります。単純にパルス幅を計測する場合は、システムクロックを利用して時間測定のためのプログラムを作成します。

　ここでは、電圧変化・電流変化・抵抗値変化・静電容量変化する様々なアナログセンサーを中心に、それらの計測方法を説明します。

▶▶電圧が変化するセンサー

　電圧が変化するセンサーの場合は、マイクロコントローラの AD 機能（AD 変換：アナログからディジタル値変換）を使って、アナログ値をディジタル値へ変換して計測します。AD 変換に関して LED スイッチの章で詳しく説明します。

▶▶電流が変化するセンサー

　電流が変化するセンサーの場合は、センサー出力と GND の間に抵抗を接続します。図 2.5.1 は高精度 IC 温度センサー（LM 35 DZ）の例です。この温度センサーでは、電源電圧は 4 V 以上 20 V 以下である必要があります。照度センサー（フォトトランジスタ：NJL7502L）も LM 35 DZ と同様、電流変化するタイプです（図 2.5.2）。センサーの出力が電流変化する場合は、抵抗を使って電圧に変換し、そのアナログ電圧値を読み取れば良いわけです。

　例えば図 2.5.1 に示すように、10 kΩ の抵抗を LM 35 DZ に接続した場合、約 0.4 V から 1.2 V の電圧変化が温度計測（0℃ から 175℃）と等価になります。図 2.5.2 に示す照度センサー（NJL7502L）も同様に、電流を電圧に変換しアナログ電圧を測定します。

図 2.5.1 高精度 IC 温度センサー（LM35DZ）

図 2.5.2 照度センサーにおける電流と照度(Lux)の関係

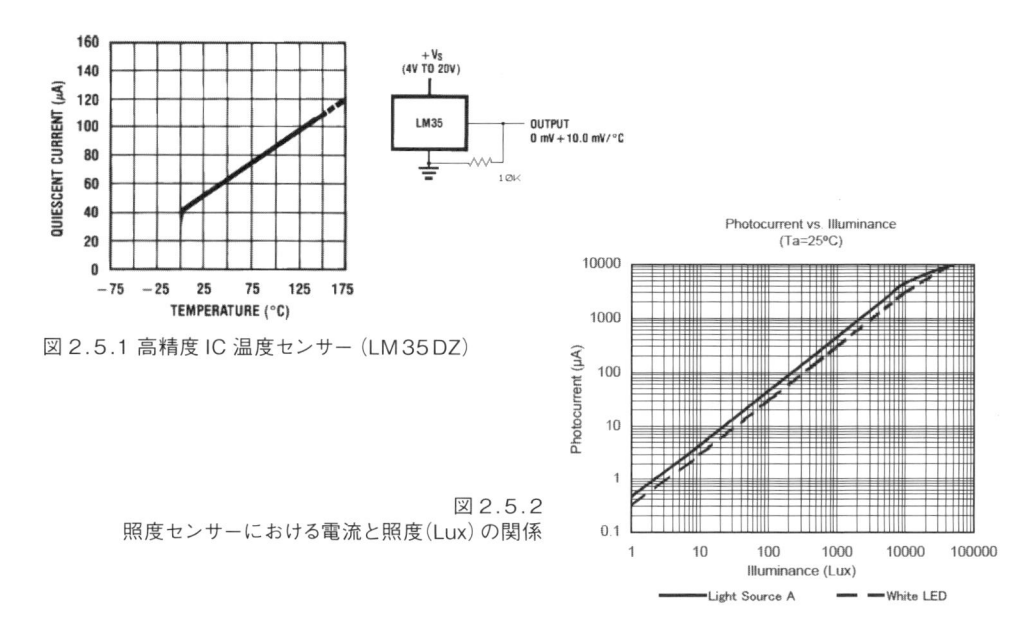

▶▶抵抗値が変化するセンサー

　抵抗の値が変化するセンサーの場合は、図 2.5.3 に示すような回路で抵抗値変化を電圧値変化に変換することができます。センサーと固定抵抗を直列に接続し、電圧 V を与えます。V_{out} の出力は、次の式で与えられます。ここで R_S はセンサーの抵抗値です。

$$V_{out} = R_S \times V / (R + R_S)$$

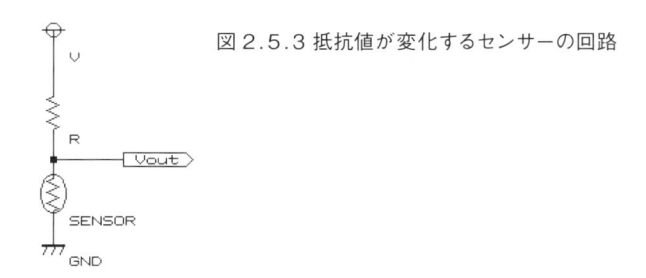

図 2.5.3 抵抗値が変化するセンサーの回路

　V_{out} の電圧値を、マイクロコントローラのアナログ入力（AD 変換：アナログからディジタル値変換）で読み取ればよいわけです。温度変化で抵抗値が変化するセンサー、例えばサーミスタなどを選ぶ場合は、抵抗値変化ができるだけ大きいものを選んでください。また、サーミスタの比熱容量が小さいものほど性能がよいわけです。

▶▶静電容量が変化するセンサー

湿度センサー（HS1100 や HS1101） などの静電容量が変化する場合は、図 2.5.4 に示すようにします。図 2.5.4 の回路では、静電容量変化を"時間に対する電圧変化"に変換します。図 2.5.4 のキャパシタ C が静電容量変化のセンサーです。

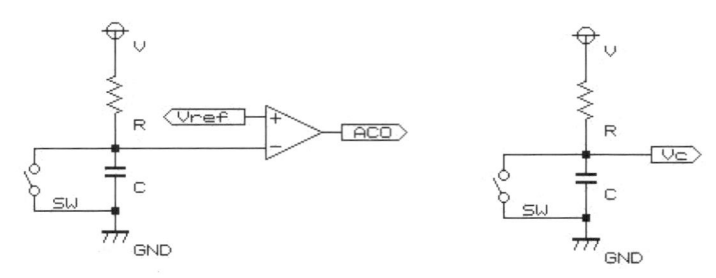

図 2.5.4 静電容量が変化するセンサーの回路

図 2.5.4 の左の図に示すように、マイクロコントローラ内にあるコンパレータ（三角印）を使います。コンパレータとは、二つの電圧を比較します。＋側（Vref）のコンパレータ入力が－側のコンパレータ入力よりも大きい場合に、出力の ACO は 1 になります。その逆の場合は、ACO が 0 になります。ACO はマイクロコントローラの内部レジスタなので、簡単に読み取れます。図 2.5.4 の右の図では、直接アナログ値を読み取ります。どちらの図にも SW のスイッチが含まれていますが、キャパシタの電荷をゼロにするために用いられます。スイッチを ON にするとキャパシタに貯まった電荷を放電させ、キャパシタの両端の電圧を 0 ボルトにします。実際には、スイッチを使う変わりに、C プログラムからマイクロコントローラの入出力ビットを出力に設定して、その出力ビットに 0 を出すことによって、キャパシタの電荷を放電できます。

図 2.5.4 のように、抵抗とキャパシタを直列に接続した場合、キャパシタの電圧 V_C は次式で計算できます。

$$V_C = V(1 - \exp(-t/\tau))$$

τ は **時定数** と呼ばれ、$\tau = RC$ になります。

V_C の電圧変化を縦軸に、時間軸を横軸にしてプロットしてみると図 2.5.5 のようになります。

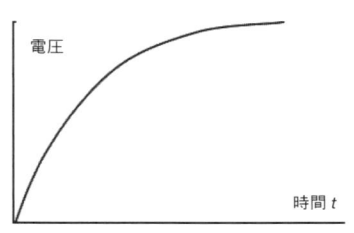

図 2.5.5 キャパシタの電圧変化

大工さんの道具（のこぎり・かんな・ハンマー）に相当する、ガジェット設計道具の一つに**Maxima**（数値計算ツール）があります。オープンソースの Maxima の最新版をパソコンにインストールします。

　　　http://maxima.sourceforge.net/

インストールした後、xmaxima.exe をダブルクリックし、Maxima を起動します。次の三つの式を Maxima に入力してください。時定数 tau をいろいろ変えて、パソコン画面上に、キャパシタ電位と時間の関係を可視化することができます。ここでは、R を 200kΩ、湿度センサーのキャパシタンス C を 165pF としています。図 2.5.6 に示すように、グラフから 30μ秒（マイクロ秒）で、約 3V に到達しています。

```
tau(R,C):=R*C;
v(t):=5*(1-exp(-t/tau(200000,165*10^(-12))));
plot2d(v(t),[t,0,0.00003]);
```

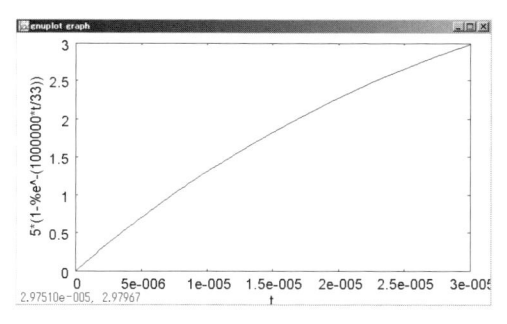

図 2.5.6
Maxima による静電容量変化の湿度センサー（165pF）の電圧変化

一方、センサーのキャパシタンス C が 200pF では、30μ秒で 2.6V になります。つまり、静電容量の小さな変化でも、時間と電圧変化を見ることによって、正確にキャパシタンスの変化が測定できることがわかります。

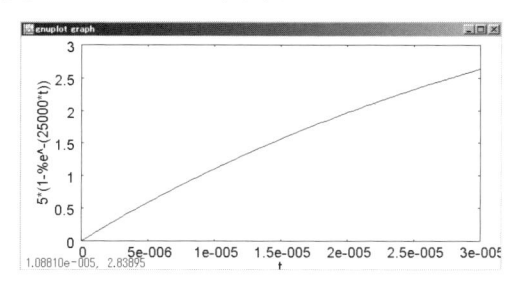

図 2.5.7
Maxima による静電容量変化の湿度センサー（200pF）の電圧変化

湿度センサーのキャパシタンスが 200 pF の場合、電圧が 1.1 V に到達するのにどれくらいの時間がかかるか計算してみます。ニュートン法を使うと、簡単に計算できます。次の二つの式を Maxima へ入力してください。

```
load(newton1);
newton(v(t)-1.1,t,0,0.00001);

9.9384511529947441*10^-6
```

つまり、9.938 μ 秒後に 1.1V に到達するようです。式中の 0.00001 は、時間刻みの精度です。Maxima を使うと、比較的簡単にパラメータを決定できます。

湿度センサーでは、容量変化を時間軸にマッピングして、センサーの電圧を読み取ればキャパシタンスが測定できます。正確なキャパシタンスの測定から、湿度が計算できる仕組みです。

センサーの選び方

センサーを選ぶ場合、センサーの変化値ができるだけ大きいものを選びます。多くのセンサー計測の場合、正確な抵抗やキャパシタを用いるだけで、精度の高い計測が可能です。精度の悪い抵抗やキャパシタを用いた場合でも、**キャリブレーション**してやることによって、精度の高い計測は可能です。ただし、キャリブレーションのためには、精度の高い計測器が必要です。

チャレンジ！問題

問題 2-7: Maxima には、様々な機能があります。次の関数はマスターしましょう。
plot2d(),solve(),factor(),expand(),diff()

問題 2-8: 安価で性能の良いセンサーを探しましょう。

2.6 回路図エディタ BSch

便利なフリーソフトウェアの**回路図エディタ (BSch)** があります。次のサイトから最新版のライブラリ付き回路図エディタをダウンロードし、解凍します。

http://www.suigyodo.com/online/schsoft.htm

解凍したディレクトリの BSch3v.exe をダブルクリックして、図 2.6.1 のエラーメッセージが出る場合は、その解凍したディレクトリ内にある Runtime ディレクトリの vcredist_x86.exe をダブルクリックし、Microsoft Visual C++ 2008 Redistributable Setup ファイルをインストールします。

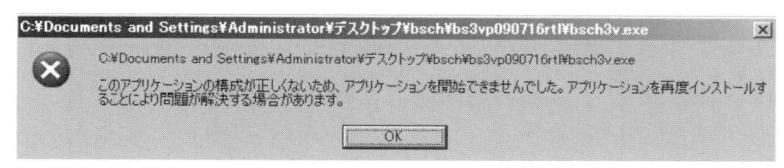

図 2.6.1　エラーメッセージ

もう一度、BSch3v.exe をダブルクリックすると、図 2.6.2 の画面が現れます。

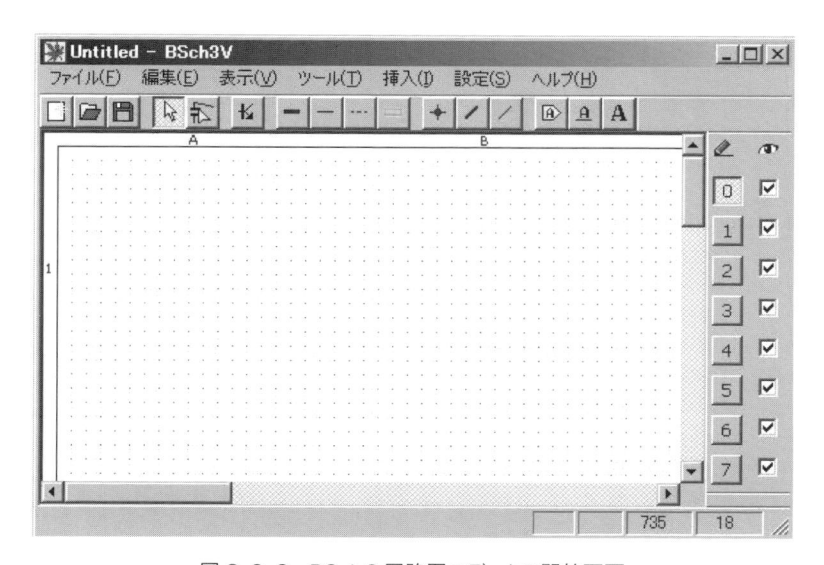

図 2.6.2　BSch3 回路図エディタの開始画面

最新の BSch3 ライブラリ付をダウンロードすると、LIB ディレクトリには、
ANALOG.LB3、CONSW.LB3、DIGITAL.LB3、DISCRETE.LB3、LOGIC74.LB3 の
ファイルがあります。それら五つの部品ライブラリをメニューの設定→ライブラリをクリックし、
Add してください。次に AVR チップのライブラリを次のサイトからダウンロードしてください。
http://hp.vector.co.jp/authors/VA020206/

lcov.exe を使うと、自由に部品ライブラリを拡張できます。

マークを押してから、BSch の画面をクリックすると、先ほど Add したパーツの選択画面が出てくるので、必要な部品を選んでやると、BSch の画面に部品が張り付いてきます。必要な部品をうまく配置した後、次は、配線していきます。

マークは、配線用のワイヤーです。ワイヤーを配線していきます。BSch の画面にある色々なメニューを試してください。比較的簡単に回路図を作ることができます。

サンプルの回路図をいろいろ試しながら回路図エディタに慣れてください。失敗しながらでも、使っているうちに使い方がわかってくるでしょう。

チャレンジ！問題

問題 2-9： 図 1.2.11 に示した LED テスト回路図を完成させてみましょう。

2.7　LTspiceIV 電子回路シミュレータ

アナログ回路の振る舞いを見たり、重要な回路パラメータを決定したりするときに使うのが**電子回路シミュレータ**です。ここでは、無料の Spice 電子回路シミュレータを紹介します。次のサイトから LTspiceIV.exe ファイルをダウンロードできます。

```
http://ltspice.linear.com/software/LTspiceIV.exe
```

LTspice では、先ほどの BSch 回路図エディタと同じように回路図を作成します。重要なコマンドは、🔲 と ✏️ です。🔲 は、BSch 回路図エディタの 🔲 と同じような部品選択コマンドです。✏️ は配線用のワイヤーです。

最初は、慣れないので、次のサイトから 555.asc ファイルをダウンロードして、そのファイルをダブルクリックしてください。

```
$ wget http://web.sfc.keio.ac.jp/~takefuji/555.asc
```

次のような画面が表示されます。

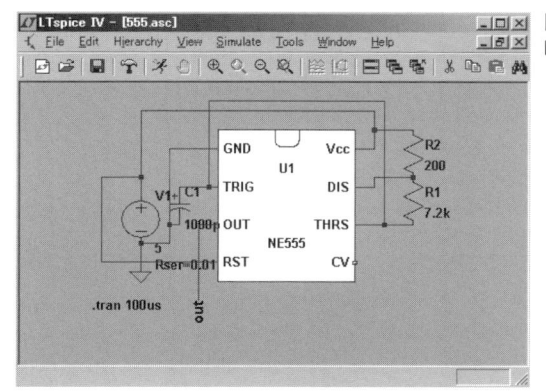

図 2.7.1
LTspiceIV のサンプル 555.asc の画面

🔲マークをクリックすると、図 2.7.2 に示すように 2 画面になり、回路図の out 付近にカーソルを近づけると、電圧プローブが現れてきます。そのプローブをクリックすると、LTspice 画面にシミュレーション結果が現れます。

555 は古くから良く使われているタイマチップです。詳しい 555 タイマの使い方は、次のサ

イトを見てください。

http://www.national.com/ds/LM/LM555.pdf

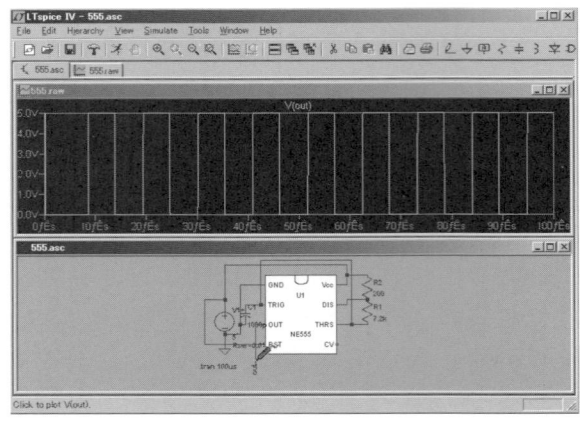

図 2.7.2 シミュレーション画面（電圧プローブ）

　図 2.7.3 に示すように、部品の中にカーソルを近づけると、電流プローブが現れます。クリックすると、電流のシミュレーション結果が表示されます。

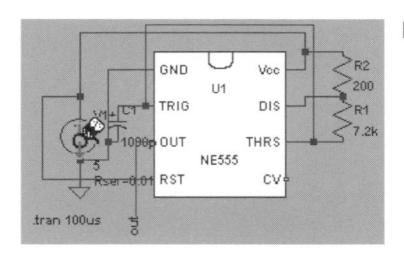

図 2.7.3 電流プローブ

チャレンジ！問題

問題 2-10：サンプル 555.asc ファイルと同じ回路を自分で作ってシミュレーションしてみましょう。

第 3 章　C 言語で入出力プログラミングしてみよう

　パソコンでの入出力とマイクロコントローラの入出力があります。まず、パソコン画面への入出力を簡単に説明します。パソコンから AVR に命令したり（パソコン画面への入力）、AVR から送られてきたセンサーデータ値をパソコンに表示したり（パソコン画面への出力）します。また、マイクロコントローラの入出力を詳細に解説します。cygwin と WinAVR がパソコンにインストールされている前提でこの章は書かれています。

3.1　パソコン画面への出力

　パソコンへの出力は、比較的簡単です。いろいろな出力の仕方がありますが、よく使われるのが、printf() 関数です。
　notepad か write を起動し、次の 1 行を入力し、ファイル名を print.c にして、cygwin を立ち上げ、gcc でコンパイルしてください。notepad の代わりに **vim** をマスターしましょう。cat コマンドは、print.c ファイルの内容を表示します。

```
$ cat print.c
int main(){printf(" こんにちは ");}
$ gcc print.c -o print    gcc で print.c をコンパイルしその結果の実行ファイル名 print
に出力せよという命令
$ ./print                 ピリオド . は現在のディレクトリにある print 実行
こんにちは
```

　データ型によって、printf() 関数の書式が異なります。short 型と int 型の場合、書式は % d で、long long 型では書式 % lld になります。float 型と double 型では、% f を使います。char 1 文字の書式は % c、文字の固まりである string 型では書式は % s になります。c=0x61; はアスキー文字の小文字 a を表示します。c='a'; でも同様に代入できます。単純な書式エラーの

ために、プログラムがうまく動作しないことが良くあります。

```
printf("%c %d %d %lld %f %s",c,i,li,f,s);

$ cat print2.c
int main(){
char c=0x61;short h=0;int i=1;long long ll=2;float f=1.2;char *s="hello";
printf("%c %d %d %lld %f %s",c,h,i,ll,f,s);
}
$ gcc print2.c -o print2
$ ./print2
a 0 1 2 1.200000 hello
```

チャレンジ！問題

問題 3-1: unsigned int の書式はどうなるでしょう。わからないことは、インターネット検索して理解できるまで徹底的に調べましょう。

3.2 パソコン画面への入力

　パソコン画面への入力では、scanf() 関数が簡単です。printf() 関数との違いは、変数がポインタになります。ポインタとは何かを考える前に、使い方をマスターしましょう。書式はprintf() と scanf() は同じです。例えば、scanf("% d",&i); & マークはポインタを意味します。具体例を見てみましょう。

```
$ cat input.c
int main(){
int i;
scanf("%d",&i);
printf("%d",i*i);
}
$ gcc input.c -o input
```

```
$ ./input
8                    8 を入力すると
64                   64 を返します
```

次の main 関数の引数を使っても、画面入力できます。

```
int main(int x,char **y){printf("%d",2*atoi(y[1]));
```

atoi() 関数はアスキー文字列を整数に変換してくれます。main 関数の引数は、二つあります。一つ目の引数、int x は、いくつの文字列が入力されたか知らせてくれます。二つ目の引数、**y は 2 次元配列を宣言しています。この場合 y[0] には、"input2" の 6 文字が入力されます。y[0]="input2";

また、"input2 54" の入力の場合、y[1]="54" と 2 文字 54 が y[1] の配列に代入されます。

```
$ cat input2.c
int main(int x,char **y){printf("%d",2*atoi(y[1]));
$ gcc iput2.c -o input2
$ ./input2 54
108
```

チャレンジ！問題

問題 3-2: 先ほどの input2.c の例で、y[0][4] にはどういう文字が入っているでしょうか。また、y[1][0] の文字は何でしょうか。input2.c ファイルを書き換えて、それらの文字を表示してみましょう。

ヒント: y[0][0]="i" で i 文字が入ります。

問題 3-3: 次の input2 命令を実行するとエラーになり、Segmentation fault を表示します。エラーを引き起こさないためには、二つの文字列 (複数の文字列間はスペースで区切られます) が必要です。main 関数の一つ目の引数 (int x) は、文字列数の情報が引数 x に代入されます。if(条件式){命令} 関数を使って、このエラーを回避してください。

```
$ ./input2
Segmentation fault (core dumped)
```

ヒント: プログラムを終了するには、return; 関数を使うと簡単です。if(条件式) 関数の条件式の演算には、次のものがあります。

条件式の演算	条件式が真である条件
a > b	a が b より大きければ
a < b	a が b より小さければ
a <= b	a が b と同じか小さければ
a >= b	a が b と同じか大きければ
a == b	a と b が等しければ
a != b	a と b が等しくなければ
!a	a が偽なら
((a) && (b))	a が真でかつ b が真ならば
((a) ¦¦ (b))	a が真または b が真ならば

図 3.2 if 文などの条件式の演算

3.3　AVR 入出力と DA 変換

　AVR チップ ATmega168 には、8 ビットの B ポート（B0 ～ B7）、7 ビットの C ポート（C0 ～ C6）、8 ビットの D ポート（D0 ～ D7）の入出力ピンがあります。合計 23 本の端子は、それぞれ独立したディジタル入出力端子として設定できます。また、6 チャンネルの C ポート（C0 ～ C5）は、10 ビットのアナログ入力端子として利用

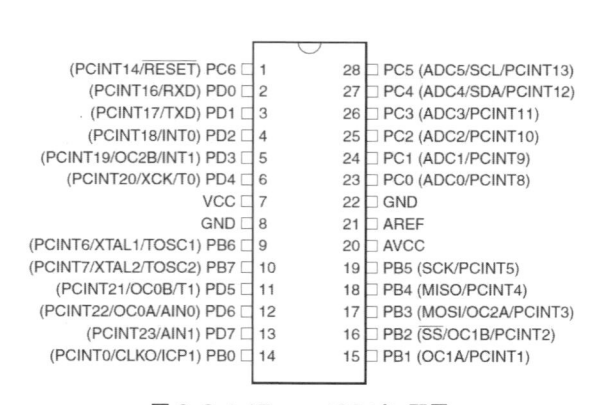

図 3.3.1 ATmega168 ピン配置

できます。同時には複数の AD 変換はできません。アナログ出力は、ATmega168 には用意されていないので、DA 変換デバイスを利用する必要があります。DA 変換デバイスに関しては、次のサイトを参考にしてください。

http://www.circuitcellar.com/archives/viewable/213-Takefuji/index.html

3.4 AVR ディジタル入出力の設定

　AVR チップピンのディジタル入出力は、DDR(data direction register) を設定するだけで、それぞれのピンを入力や出力に設定できます。入力設定は DDR のビットを 0 にし、出力に設定する場合は DDR ビットに 1 を設定します。出力するには、出力設定してから、必要な値を PORTx に書き込みます。入力する場合も同様、入力設定してから、PINx を読み込みます。例えば、ATmega168 の B ポートの PB7 を入力に、7 本の PB0-PB6 を出力に設定するには、DDRB に 0x7f を代入します。

```
DDRB=0x7f;              //2進法で表現すると 0b01111111
```
PB0-PB6 の 7 ビットに 0x18 の値を出力するには、
```
PORTB=0x18;
```
PB7 のディジタル値を入力するには、
```
char pb7_in;            //8 ビットの変数 pb7_in を宣言
pb7_in=PINB;
```
LSB(least significant bit) の位置に pb7_in のデータを保存するには、
```
pb7_in=PINB>>7;         //PINB を 7 ビット右シフトして pb7_in に保存
                        //">>" は右シフト、"<<" 左シフト
```

チャレンジ！問題

問題 3-4：DDRD＝0xc7; ポート設定した場合、D ポートにおける、それぞれのビットの入出力を説明せよ。

問題 3-5：<compat/deprecated.h> ライブラリには、便利なコマンドが用意されています。sbi(PORTx,bit)；と cbi(PORTx,bit);です。これらのコマンドを使って、PB7 を入力端子に、PB0 を出力端子に設定してください。このときそれ以外のポート設定は変更しません。

3.5 AVR アナログ入力の設定

　ディジタル入出力と比べて、アナログ入力設定は少し複雑になります。Cポートの6チャンネルをアナログ入力に設定するには、AVRチップ内にある一つのAD変換回路を起動させ、アナログ値をディジタル値に変換します。アナログ値は、アナログ基準電圧を10ビットの分解能で表現します。重要なレジスタは、ADMUXレジスタとADCSRAレジスタです。ADMUXレジスタによって、アナログ基準電圧とCポートのアナログチャネル選択を設定します。ADCSRAレジスタによって、AD変換のクロック速度を決めたり、AD変換回路を起動・停止させたり、AD変換の完了を検知できます。

　ADMUXレジスタによって、ADMUXレジスタの4ビットMUX3-MUX0でアナログ入力ピン設定します。また、ADMUXレジスタの2ビットのREFS1-REFS0によってアナログ値の入力値範囲を設定します。ADMUXレジスタのADLARによって、10ビットのAD変換された結果の保存が変わります。

Bit (0x7C)	7	6	5	4	3	2	1	0	
	REFS1	REFS0	ADLAR	–	MUX3	MUX2	MUX1	MUX0	ADMUX
Read/Write	R/W	R/W	R/W	R	R/W	R/W	R/W	R/W	
Initial Value	0	0	0	0	0	0	0	0	

図 3.5.1 ADMUX レジスタ

MUX3..0	Single Ended Input
0000	ADC0
0001	ADC1
0010	ADC2
0011	ADC3
0100	ADC4
0101	ADC5
0110	ADC6
0111	ADC7
1000	ADC8[1]
1001	(reserved)
1010	(reserved)
1011	(reserved)
1100	(reserved)
1101	(reserved)
1110	1.1V (V_{BG})
1111	0V (GND)

図 3.5.2 ADMUX レジスタの MUX 値によるアナログ入力選択

REFS1	REFS0	Voltage Reference Selection
0	0	AREF, Internal V_{ref} turned off
0	1	AV_{CC} with external capacitor at AREF pin
1	0	Reserved
1	1	Internal 1.1V Voltage Reference with external capacitor at AREF pin

図 3.5.3 ADMUX レジスタの REFS 値によるアナログ入力値範囲

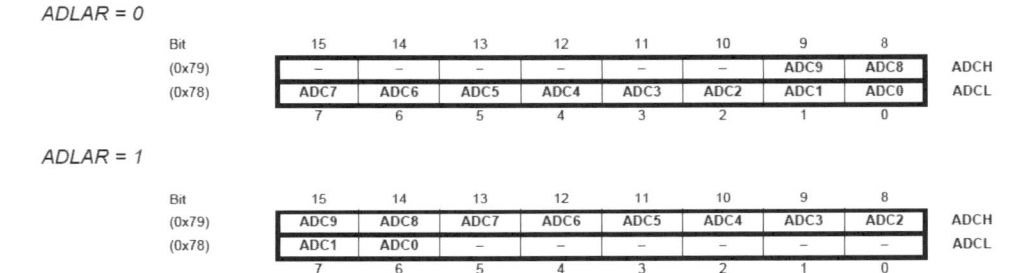

ADLAR = 0

Bit	15	14	13	12	11	10	9	8	
(0x79)	–	–	–	–	–	–	ADC9	ADC8	ADCH
(0x78)	ADC7	ADC6	ADC5	ADC4	ADC3	ADC2	ADC1	ADC0	ADCL
	7	6	5	4	3	2	1	0	

ADLAR = 1

Bit	15	14	13	12	11	10	9	8	
(0x79)	ADC9	ADC8	ADC7	ADC6	ADC5	ADC4	ADC3	ADC2	ADCH
(0x78)	ADC1	ADC0	–	–	–	–	–	–	ADCL
	7	6	5	4	3	2	1	0	

図 3.5.4 ADMUX レジスタの ADLAR 値による 8 bit 演算(ADCH)と 10 bit 演算(ADCW)

8 bit 演算では、ADLAR=1 にして、C プログラミングでは、グローバル変数 ADCH に演算結果が入ります。10 bit 演算では、ADLAR=0 にして、グローバル変数 ADCW に演算結果が入ります。

例えば、PC5 ピンをアナログ入力に設定するには、ADMUX レジスタの 4 ビット MUX3-MUX0 が 0101、10 ビットの AD 変換のために ADLAR = 0、アナログ値の上限を AVCC に設定するには、ADMUX は次のようになります。

```
ADMUX=0x45;            //0b0100 0101
```

AD 変換回路を起動させたり、変換状態をチェックしたり、AD 変換のスピードを設定するのが、ADCSRA レジスタです。

Bit	7	6	5	4	3	2	1	0	
(0x7A)	ADEN	ADSC	ADATE	ADIF	ADIE	ADPS2	ADPS1	ADPS0	ADCSRA
Read/Write	R/W	R/W	R/W	R/W	R/W	R/W	R/W	R/W	
Initial Value	0	0	0	0	0	0	0	0	

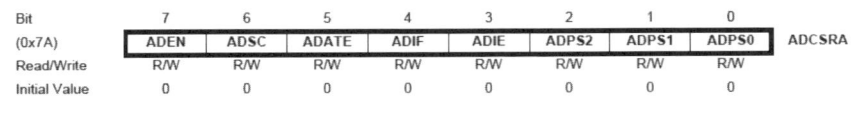

図 3.5.5 ADCSRA レジスタ

ADENは、AD変換回路電源のON・OFFを設定します。ADSCは、AD変換の開始と設定と終了の状態チェック、ADATEはAD変換の自動トリガー、ADIFはADC割り込みフラグでADC変換とデータレジスタ（ADCHとADCL、ADCW）の完了を示します。また、ADIEはAD変換の割り込み許可を与えます。AD変換のクロック周波数は50 kHz以上1 MHz以内でなくてはいけません。ただし、マニュアルでは100 kHz以上を推薦しています。AD変換の変換周波数はCPUクロックの周波数をDivision Factorで割った値になります。

例えば、12 MHzのCPUクロックの場合、Division Factorは16以上であれば、AD変換回路の変換周波数は正常範囲以内に入ります。

$50\,\mathrm{kHz} < 12\,\mathrm{MHz}/16, 12\,\mathrm{MH}/32, \cdots 12\,\mathrm{MHz}/128 < 1\,\mathrm{MHz}$

ADPS2	ADPS1	ADPS0	Division Factor
0	0	0	2
0	0	1	2
0	1	0	4
0	1	1	8
1	0	0	16
1	0	1	32
1	1	0	64
1	1	1	128

図3.5.6 ADCSRAレジスタのADPS値によってAD変換スピード設定

ここで、Division Factorを32にした場合、ADCSRAレジスタは、

```
ADCSRA=0xC5;                    //AD変換スタート
ADCSRA = 0x95;                  //ADIFフラグのクリア
```

ADCSRAのADIFの値をチェックすることで、AD変換の完了を確かめることができます。

```
#define F_CPU          1.2E7         //12MHz
#define ADC_VREF 0x45    // 0100 0101 AVCC: 10bit : PC5 : ADW
ADMUX=ADC_VREF;                //ADCの設定
ADCSRA=0xC6;                             //1100 0110 AD変換スタート
while (( ADCSRA & 0x10)==0){;} //AD変換終了(ADIF)チェック
```

{このタイミングで 10 ビット AD 変換された値 ADCW を読み取ります}
ADCSRA= 0x96;   // 次の AD 変換スタート準備

> **チャレンジ！問題**
>
> 問題 3-6： ATtiny85 において、ADMUX=0x22; の設定は、どのポートの何番ピンを AD 変換し、何ビット（8 ビットか 10 ビット）で、AD 変換のアナログ基準電圧などを調べてみましょう。
>
> 問題 3-7： ATmega168 において、ADMUX=0x45; の設定は、どのポートの何番ピンを AD 変換し、何ビット（8 ビットか 10 ビット）で、AD 変換の基準電圧などを調べてみましょう。

3.6　LED スイッチ

LED スイッチは、超高輝度赤色 LED の双方向性を利用した回路です。LED に電流を流すと点灯します。また、LED に光を当てると発電します。最新の超高輝度赤色 LED の中には、単位面積当たりの発電量が太陽光発電セルよりも大きいものもあります。

この LED スイッチ回路の設計におけるキーポイントは、図 3.6.1 に示すように、PC5 をアナログ入力に設定したり出力端子に設定したりすることで。PC5 端子をアナログ入力に設定したときは LED をセンシングデバイスとして利用し、ディジタル出力に設定する場合は LED 点灯・消灯させます。

PC5 端子が LED アナログセンシング入力モードでは、LED のまわりが明るいときは起電圧は高くなり、暗いときには低くなります。このプログラムでは、周りの明るさを測定し、その測定値よりも暗くなると LED を点灯させ、その測定値よりも明るくなると LED を消灯させます。

ADMUX=0x45; の設定では、PC5 を 10 ビットのアナログ入力に設定し、アナログ入力

図 3.6.1 LED スイッチの回路図

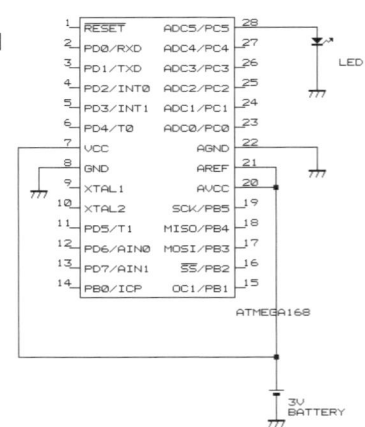

の基準電圧を電源電圧 (3 V) にします。

プログラム中の ADCSRA＝0 xC 6; の命令で PC 5 ピンの AD 変換を起動します。

while ((ADCSRA & 0 x 10)==0){ の命令で、AD 変換完了を検知します。

LED の周りの明るさを測定する変数 th には、8 回 AD 変換したときの平均値が代入されます。

```
th=0;
for(i=0;i<8;i++){
  ADCSRA=0xC6;
  while ((( ADCSRA & 0x10)==0){}
  th = th+ADCW;
  ADCSRA=0x96; }
 th=th>>3;
```

暗いときと明るいときの条件は、次のように判定しています。

if(ADCW < (th-605)){LED を点灯させる}
else if(ADCW >= (th-600)){LED を消灯させる}

```
/* LED switch using atmega168 designed by takefuji on july 10, 2008*/
#include <avr/io.h>
#include <avr/interrupt.h>
```

```c
#include <avr/pgmspace.h>
#include <avr/wdt.h>
#define F_CPU 1.0E6      //1MHz
#include <util/delay.h>
#define ADC_VREF 0x45    /* 0b0100 0101 Vcc : 10bit : PC5 : ADCW */

int main(void)
{ unsigned char i;
  int th;
  _delay_ms(100);
  ADMUX=ADC_VREF;

 th=0;
for(i=0;i<8;i++){                 //8 times measurement
  ADCSRA=0xC6;                    //ADC enabled start clock/64
  while (( ADCSRA & 0x10)==0){} // PC5 is ADC input
  th = th+ADCW;
  ADCSRA=0x96; }
 th=th>>3;                 //average generated voltage

for(;;){
  ADCSRA=0xC6;           //ADC enabled start clock/64
  while (( ADCSRA & 0x10)==0){}
  ADMUX=0;               //avoid analog in order to activate digital output
  if(ADCW < (th-605) ){DDRC=0x20;for(i=0;i<4;i++){PORTC=0x20;_delay_us(10);
                                            PORTC=0x00;_delay_us(10);}}
  else if(ADCW >= (th-600) ){DDRC=0x20; for(i=0;i<20;i++){PORTC=0x00;_delay_us(10);}}
  DDRC=0;                //avoid digital output
  PORTC=0;               //three-state inputs
  ADMUX=ADC_VREF;
  ADCSRA=0x96;
   }
}
```

図 3.6.2 LED スイッチファームウェア(ATmega168)

チャレンジ！問題

問題 3-8： ここで紹介したLEDスイッチファームウェアでは、LEDの単純な閾値でなく、ヒステリシスという機能を埋め込んであります。ヒステリシスとは、何か調べてみましょう。

問題 3-9： LEDのように双方向性を利用できるデバイスがいくつかあります。どのようなデバイスに双方向性があり、利用できるか調べてみましょう。

第4章 USB、I²C、UART プロトコールスタックの応用

本章では、USBハードウェアとUSBプロトコールの使い方、I²CハードウェアとI²Cプロトコールの使い方、UARTハードウェアとUARTプロトコールの使い方を詳しく解説します。

4.1 USB プロトコールスタックの使い方

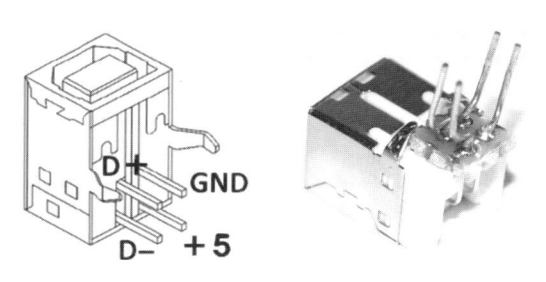

図 4.1.1 基板取付用 USB コネクタ (B タイプメス)

USB インターフェイスには、四つの線 (GND, +5V, D+, D−) があります。図 4.1.1 に示すように、USB コネクタを自作してください。この USB コネクタは、ブレッドボードに差し込むことができます。基板取付用USBコネクタ(Bタイプメス)は10個400円で購入できます(秋月)。USB コネクタの作り方は簡単です。2.54mm ピッチの両面スルーホールユニバーサル基板から、2×2の四つ穴基板を切り出すために、万能バサミ(100円ショップ)で切断します。切り出した 2×2 のスルーホール基板を基板取付用 USB コネクタに挿し、0.65mm 単線を 4 本ハンダ付けすれば完成します。

USB 通信はかなり複雑な動作をします。USB 通信をつかさどるプロトコールが **USB プロトコールスタック**(ソフトウェア群)です。そのすべての動作を理解しなくても、プロトコールスタックを利用できます。USB プロトコールを利用するためには、ハードウェアとソフトウェア

の整合性を取る必要があります。ここで紹介するソフトウェア USB プロトコールスタックは、**VUSB**（最近までは AVR-USB）と呼ばれます。VUSB プロトコールでは、usbconfig.h ファイルに USB のハードウェア接続を記述します。

ソフトウェア USB の場合、USB 専用チップを使いません。したがって、USB 専用チップと同様の振る舞いをさせるために、マイクロコントローラに USB の信号線を制御させる必要があります。具体的には、USB の信号線 D+ と D−を正しくマイクロコントローラに接続設定させる必要があります。ソフトウェア USB プロトコールスタックの場合、信号線 D+ は、マイクロコントローラの int 0（プライオリティが一番高い割り込み）のピンに接続する必要があります。また、信号線 D−は、int 0 と同じポートであればどのピンでもかまいません。D+ と D−の接続は、usbconfig.h ファイルで正しく設定する必要があります。

図 4.1.2 に示すように、ATmega 168 の PortD の PD 2（int 0）のピンと USB 端子の D+ とを 68 Ω抵抗を直列接続します。また、PortD の PD 0 のピンと USB 端子の D−とを 68 Ω抵抗を直列接続します。USB 端子の D−は、1.5 k Ωの抵抗で +3.3 V にプルアップします。22 pF のキャパシタとともに水晶発振子(12 MHz)を XTAL 1 と XTAL 2 に接続します。すべての GND は、USB 端子の GND に接続します。

ATmega168 に対して、flash メモリにファームウェアプログラムを書き込みます。マイクロコントローラのプログラムはパソコン用のアプリケーションプログラムと区別するために、**ファー**

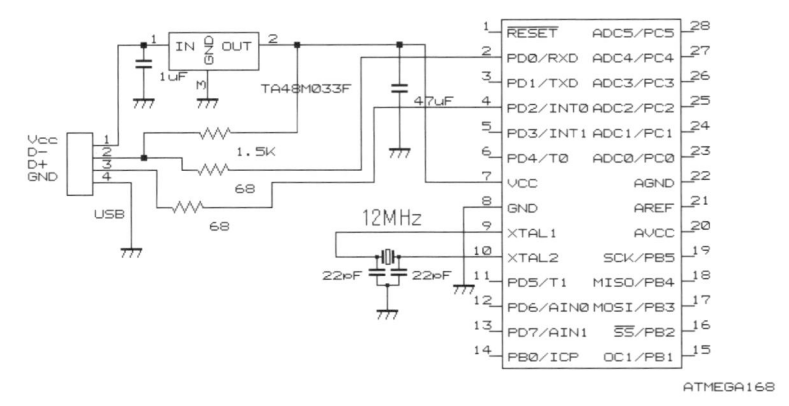

図 4.1.2 ATmega168 を使った USB ガジェットの回路図

ムウェアプログラムと呼ばれます。また、フューズの設定（lfuse:0xdf）を書き込みます。書き込むには、cygwin のコマンドモードでも、簡単に書き込めます。

　make コマンドは、デフォルトで Makefile を入力ファイルとして、複雑なコンパイル処理をしてくれます。Makefile ファイルの中身を見ると、何をしようとしているのか理解できるかもしれません。make したとき、どのようなコマンドが実行されているか、cygwin の画面を見てください。

　　　`http://web.sfc.keio.ac.jp/~takefuji/usb168.zip`
をダウンロードし解凍します。

main.hex を ATmega168 に書き込みます。

cygwin のコマンドモードでファームウェアを書き込むには、次の命令を実行します。

$ make clean　　の実行で、コンパイルしたファイルを消去します。

clean コマンドが、Makefile ファイル内に記述してあります。

▶▶ $ make

　自動的に main.hex ファイルを生成します。どのような工程で、main.hex ファイルが生成されるか、観察してください。avr-gcc で main.c ソースプログラムを ATmega168 用にクロスコンパイルしています。クロスコンパイルとは、パソコン上で ATmega168 の実行ファイルを生成することです。

▶▶ $ make flash

　また、フューズの設定（lfuse:low fuse に 0xdf）を書き込みます。flash コマンドが何をしているか、Makefile ファイルを見ましょう。

▶▶ $ make fuses

　hfuse と lfuse を設定します。

　パソコンから USB ガジェットをコントロールするプログラム（pc.c）をコンパイルするには、次の命令を実行します。-lusb のオプションは、USB ライブラリを使います。

```
$ gcc pc.c -o pc -lusb
```

　図 4.1.2 に示すガジェット回路図に LED と直列接続した抵抗（1.5kΩ）を ATmega168 の 15 番ピン（PB1）に接続します。図 4.1.3 がガジェットのテスト回路です。

　まず、USB ガジェットを USB ケーブルでパソコンに接続します。最初自作の USB ガジェッ

トをパソコンに接続するときだけ、OSがガジェットのドライバを要求してきます。あらかじめ次のサイトから自作USBガジェットドライバをダウンロードし解凍しておきましょう。

  http://web.sfc.keio.ac.jp/~takefuji/windriver.zip

 解凍したwindriverをOSに読み込ませたら、USB-KOガジェットが認識されます。WindowsOSでは、マイコンピュータを右クリックすると、システムのプロパティが表示されます。ハードウェアメニューのデバイスマネージャをクリックします。自作のUSBガジェットをパソコンのUSBに挿している状態で、デバイスマネージャ画面でUSB-KOが表示されていれば、パソコンがガジェットを認識していることを意味します。表示されていない場合は、デバイスマネージャに表示されている"?"のドライバを削除して、もう一度USB-KOガジェットのドライバをOSに読み込ませてください。

 パソコンが自作USBガジェット(USB-KO)を認識できると、パソコンとガジェット間で自由にUSB通信できるようになります。USBケーブルをパソコンから抜いてから再度接続してください。パソコンの音量を大きくしておき、接続時にピンポンという音が聞こえれば、自作ガジェットは完璧にパソコンに認識されています。

 次の命令を実行してください。
  $ ./pc 1
LEDが点灯するはずです。
  $ ./pc 0
の実行で、LEDが消灯します。

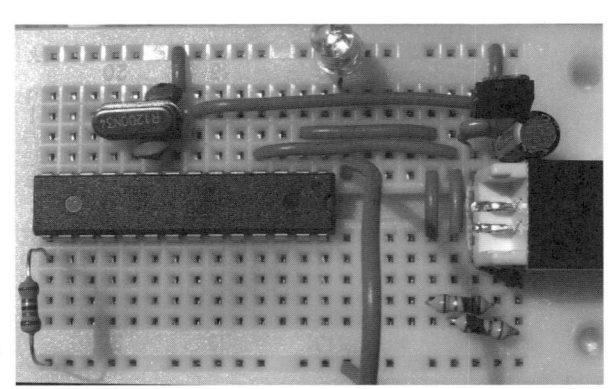

図 4.1.3
ATmega168を使ったUSBガジェット

パソコン（USB ホスト側）の USB 通信で重要な関数は、USB_control_msg() です。USB_control_msg() 関数の機能は、ホストから USB ガジェットにデータ（命令）を送ったり、USB ガジェットから送られてきたデータを受け取ったりすることができます。

プログラム中で使われている USB_control_msg 関数は次のように表現しています。

USB_control_msg(d, USB_TYPE_VENDOR ¦ USB_RECIP_DEVICE ¦ USB_ENDPOINT_IN,i, j+256*k, l+256*m,(char *)buffer,sizeof(buffer), 5000);

この関数は、パソコン（USB ホスト）から 5 バイトのデータ（i,j,k,l,m）を USB ガジェットに送ることができます。IDVendor と IDProduct が一致した USB ガジェットのみが、これらの 5 バイトを受け取ることができます。

USB ガジェット側では、usbFunctionSetup 関数が重要な役割を果たします。
uchar usbFunctionSetup(uchar data[8]) の関数のパラメータ data[8] は、
パソコン USB ホスト側から送られてきた 5 バイトのデータ(i,j,k,l,m)をガジェットファームウェアの usbFunctionSetup 関数を通して次のようにデータを引き渡します。

data[1]=i, data[2]=j, data[3]=k, data[4]=l, data[5]=m の値が入ります。

```
/**************** USB host program *********************/
#include <usb.h>
#include <stdio.h>
#include <string.h>
#include <ncurses.h>
unsigned short IDVendor=   0x1384;    /*VID must be changed. */
unsigned short IDProduct=  0x8888;    /*PID must be changed. */

static int usbOpenDevice(usb_dev_handle **device, int idvendor, int idproduct)
{
  struct usb_bus *bus;
  struct usb_device *dev;
  usb_dev_handle *udh=NULL;
  int ret,retp, retm,errors;
  char string[256];
  usb_init();
```

```
        usb_find_busses();
        ret=usb_find_devices();
        if(ret==0){return errors=1;}
        for (bus = usb_busses; bus; bus = bus->next)
        {
                for (dev = bus->devices; dev; dev = dev->next)
                {              udh=usb_open(dev);
                        retp = usb_get_string_simple(udh, dev->descriptor.
iProduct, string, sizeof(string));
                        retm=usb_get_string_simple(udh, dev->descriptor.
iManufacturer, string, sizeof(string));
                        if (retp > 0 && retm > 0)
                                if (idvendor==dev->descriptor.idVendor
&& idproduct==dev->descriptor.idProduct){ *device=udh;return
errors=0;}
                }
        }
                                usb_close(udh);return errors=1;
}

int main(int argc, char **argv)
{ usb_dev_handle *d=NULL;
  unsigned char buffer[256];
  unsigned char i=3,j=4,k=5,l=6,m=7,n=8,o=9,p=0,ret;
if(argc<2){return 0;}
i=argv[1][0];
printf("input data is %x %c",i,i);
ret=usbOpenDevice(&d, IDVendor,IDProduct);
if(ret!=0){printf("usbOpenDevice failed\n"); return 0;}

  ret=usb_control_msg(d, USB_TYPE_VENDOR | USB_RECIP_DEVICE | USB_
ENDPOINT_IN,i, j+256*k, l+256*m,(char *)buffer, n+256*o,5000);
printf("ret=%d \n",ret);
for(p=0;p<ret;p++){printf("buffer[%x]=%x \n",p, buffer[p]);}
  return 0;
}
```

図 4.1.4 USB ホストプログラム(pc.c)

4.1 USB プロトコールスタックの使い方

　ファームウェアでは、USB ホストから送られてきたデータを、usbFunctionSetup 関数で受け取り、同時に USB ガジェットから USB ホストにデータを送ることができます。プログラム中で登場している usbMsgPtr は重要なポインタです。

```
static uchar replybuf[8];         // 変数 replybuf を宣言します
usbMsgPtr = replybuf;             //replybuf は USB ホストの buffer にリンクされ
ます。
```

　USB ガジェットから USB ホストへ送るデータ量には、制限がありません。USB ホスト側の usb_control_msg 関数の変数 buffer に引き渡します（usbMsgPtr = replybuf; この実行が重要な役目をします）。

　パソコン側の変数 buffer とガジェットファームウェア側の replybuf 変数の関係を次に示します。

```
buffer[0]=replybuf[0]
buffer[1]=replybuf[1]
    ...
buffer[8]=replybuf[8]


/*******************USB ガジェットファームウェア ******************/
#include <avr/io.h>
#include <avr/wdt.h>
#include <avr/eeprom.h>
#include <avr/interrupt.h>
#include <avr/pgmspace.h>
#include <util/delay.h>
#include "usbdrv.h"
#include "oddebug.h"

uchar usbFunctionSetup(uchar data[8])
{
static uchar replybuf[8];
usbMsgPtr = replybuf;
unsigned char c=data[1];

if(c=='0'){
  DDRB=0x02;
```

```
        PORTB=0x0;
        replybuf[0]=c;
        return 1;}
    else if(c=='1'){
        DDRB=0x02;
        PORTB=0x02;
        replybuf[0]=c;
        return 1;}
    return 0;
}

int main(void)
{
    usbInit();
    sei();
    for(;;){     /* main event loop */
        usbPoll();
        }
    return 0;
}
```

図 4.1.5 USB ガジェットファームウェア（main.c）

　USB ハードウェアに関するすべての情報は USBconfig.h に格納されています。USB ガジェットは、USB メーカーによって異なる ID が振られています。ここで紹介する IDVendor は "DevDrv"、プロダクト ID は "USB-KO" です。著者が所有する ID です。USB の D+ 信号線は ATmega168 の PD2 に接続し、USB の D- 信号線は PD0 に接続します。いろいろな情報が USBconfig.h に示されているので、必ず一度は見ておいてください。

```
/* -------------------- Hardware Config -------------------- */
#define USB_CFG_IOPORTNAME      D
/* This is the port where the USB bus is connected. When you
configure it to
 * "B", the registers PORTB, PINB and DDRB will be used.
 */
#define USB_CFG_DMINUS_BIT      0
/* This is the bit number in USB_CFG_IOPORT where the USB D- line
is connected.
```

```
 * This may be any bit in the port.
 */
#define USB_CFG_DPLUS_BIT       2
/* This is the bit number in USB_CFG_IOPORT where the USB D+ line is connected.
 * This may be any bit in the port. Please note that D+ must also be connected
 * to interrupt pin INT0!
 */
```

図 4.1.6 usbconfig.h の重要な部分（USB の D ＋と D －信号線の接続情報）

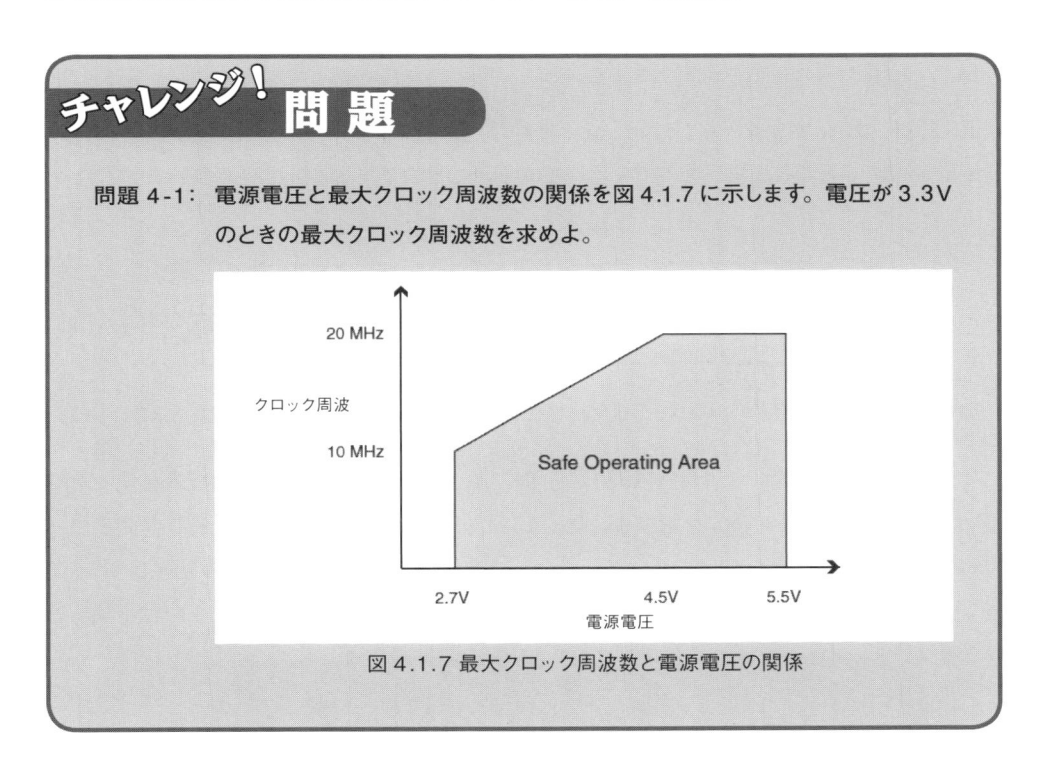

チャレンジ！問題

問題 4-1: 電源電圧と最大クロック周波数の関係を図 4.1.7 に示します。電圧が 3.3 V のときの最大クロック周波数を求めよ。

図 4.1.7 最大クロック周波数と電源電圧の関係

4.2　ハードウェア UART（RS232C）と　　　ハードウェア I²C（気圧センサー）

RS232C は最もレガシーな通信規格の一つであり、**シリアル通信**です。非同期通信では、図4.2.1のように、スタートビット、8ビットデータ、パリティ(有・無)、ストップビット(1か2ビット)のフレームになります。多くの機器のデフォルトが、1スタートビット+8ビットデータ+1ストップビット= 10ビットです。1対1の通信において、send (TxD)とreceive (RxD)信号を使って送受信できます。UARTでは論理信号(0Vから電源電圧+3.3Vや+5V)、RS232Cは±3Vから±12Vの信号になります。

RS232Cでは、ボーレート(Baud rate)と呼ばれる通信回線のデータ転送速度bps (bits per second)で表現します。世の中では、9600bpsのデフォルト通信速度が多いようです。

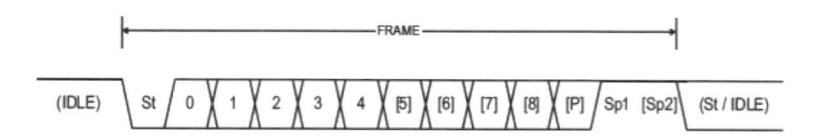

図 4.2.1 RS232C 通信(St: スタートビット、8ビットデータ、P：パリティビット、Sp: ストップビット)

本書ではセンサーとして、MEMS (Micro Electro Mechanical System) 技術を使った最新の気圧センサー BMP085 を選びました。ATmega168 のハードウェア UART 機能を使ってパソコンからの命令を受け取り、その命令を ATmega168 が実行し、その結果は UART を通してパソコンに送り返します。BMP085 気圧センサーは、I²C インターフェイスを使ってアクセスでき、気温と気圧の高精度リアルタイム測定が可能です。

詳細な BMP085 のデータシートは、次のサイトからダウンロードできます。

http://www.bosch-sensortec.com/content/language1/downloads/BST-BMP085-DS000-05.pdf

I²C (inter integrated circuit) インターフェイス技術は、フィリップス社が 1980 年代に提案したチップ間の通信方法です。AVR では、TWI (two wire interface) という名前で、I²C の規格を満たす2線式通信です。

I^2C には、SCL（シリアルクロック）と SDA（シリアルデータ）の 2 本の信号線があります。SCL、SDA の信号線は、それぞれ 4.7 kΩ の抵抗でプルアップします。USB と同様マスター・スレーブの関係で、SCL の信号線ではマスターが出力し、SDA の信号線では、マスターとスレーブが同期を取りながらそれぞれ信号を出します。100 Kbps の標準モード、10 Kbps の低速モード、400 Kbps のファーストモード、3.4 Mbps の高速モードなどがあります。

BMP 085 気圧センサーの温度・気圧を読み取るためには、三つの基本関数が必要です：2 バイト read、3 バイト read、1 バイト write。キャリブレーションに必要な 22 バイトのパラメータが EEPROM に格納されています。この 22 バイトのパラメータを読み取ってから、測定した温度・気圧を補正し、正確な温度と気圧を計算します。

I^2C では、基本的に 8 ビット単位でマスターとスレーブ間でデータのやり取りをします。SCL のクロック信号を出すのは常にマスターの仕事で、SDA の信号はマスターが出力したり、スレーブが出力したりします。8 ビットデータの前後には、次の五つの状態があります。スタート、ストップ、ACKS（スレーブが ACK 信号を出します）、ACKM（マスターが ACK 信号を出します）、NACKM (not acknowledge by master) があります。

図 4.2.2 に示すように、BMP 085 の EEPROM データを 2 バイトずつ読み出すには、

1. 1 バイトの write アドレス (0 xee) をマスターから 1 バイト書き込みます、
2. 次に読み出したいアドレスをマスターから 1 バイト書き込みます（例えば EEPROM のアドレス：0 xaa）、
3. 次に read アドレス (0 xef) をマスターから 1 バイト書き込みます、
4. EEPROM の 1 バイトデータをマスターが読み込み 8 ビット左シフトさせます、
5. 引き続き EEPROM の 1 バイトデータをマスターが読み込み、先ほどのデータと OR 演算します（合計 2 バイト）。

BMP 085 の温度を計測するには、

1. 1 バイトの write アドレス (0 xee) をマスターから 1 バイト書き込みます、
2. 温度を読み出すためのコントロールレジスタアドレス (0 xf4) をマスターから 1 バイト書き込みます、
3. 温度を読み出すためにコントロールレジスタに書き込む値 (0 x 2e) をマスターから 1 バイト書き込みます、

4. 5m秒ほど待ちます。
5. 1バイトのwriteアドレス (0xee) をマスターから1バイト書き込みます、
6. 温度を読み出すために測定結果が格納されたレジスタアドレス (0xf6) をマスターから1バイト書き込みます、
7. MSB1バイト目のデータをマスターが読み込み8ビット左シフトさせます、
8. 引き続き2バイト目のデータをマスターが読み込み、1バイト目のデータとOR演算します（合計2バイト）。

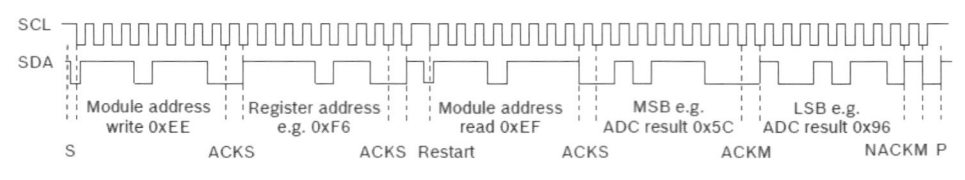

図 4.2.2 I²Cの読み出しと書き込みタイミング図

気圧を計測するには、
1. 1バイトのwriteアドレス (0xee) をマスターから1バイト書き込みます、
2. 温度を読み出すためのコントロールレジスタアドレス (0xf4) をマスターから1バイト書き込みます、
3. 温度を読み出すためにコントロールレジスタに書き込む値 (0xf4) をマスターから1バイト書き込みます、
4. 40m秒ほど待ちます。
5. 1バイトのwriteアドレス (0xee) をマスターから1バイト書き込みます、
6. 温度を読み出すために測定結果が格納されたレジスタアドレス (0xf6) をマスターから1バイト書き込みます、
7. MSB1バイト目のデータをマスターが読み込み16ビット左シフトさせます、
8. 引き続き2バイト目のデータをマスターが読み込み、1バイト目のデータとOR演算します、
9. 引き続き2バイト目のデータをマスターが読み込み、1バイト目のデータとOR演算します。（合計3バイト）
10. 読み込んだ3バイトを右に8ビットシフトします。

ATmega168に搭載されたI²Cのハードウェア機能を使って、気圧センサー (BMP085) を制御します。BMP085のマニュアルにしたがって著者がファームウェアを作成し、

ATmega168に書き込みを実行しましたが、期待どおりには正しい気圧を表示できませんでした。試行錯誤の結果、マニュアルに書いてあるアルゴリズムに3か所の間違いを発見しました。

BMP085のチップは図4.2.3に示すような8ピンの5mm×5mmのチップです。

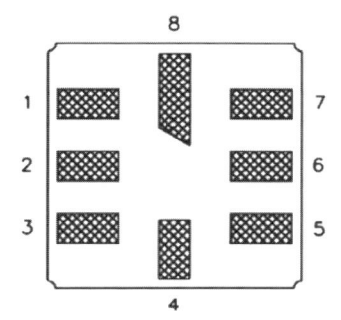

図4.2.3
BMP085気圧センサー（上から見た図）

必要なピンは、1番ピンのGND、3番ピンと4番ピンのVcc、6番ピンのSCL、7番ピンのSDAの5か所に細い線で半田付けします。BMP085チップからの5本の線を8ピン丸ピンICソケットに、図4.2.7（1,3,4,7,8番ピン）に示すように半田付けしました。

図4.2.5に示すBMP085気圧センサー回路図は、ATmega168のTxD（PD1）はFT232のRxDに接続し、ATmega168のRxD（PD0）はFT232のTxDに接続します。パソコンとFT232をUSB接続します。

ATmega168のファームウェアは、次のサイトからuart_i2c_168.zipファイルをダウンロードし、解凍します。

http://web.sfc.keio.ac.jp/~takefuji/uart_i2c_168.zip

```
$ make clean
$ make                  main.hexを作成し、AVRライタにATmega168を挿します
$ make flash            ATmega168にmain.hexを書き込みます
```

図4.2.5と図4.2.7を参考にして、ガジェット回路の配線を完成させ、書き込みが済んだATmega168をブレッドボードに挿します。

このファームウェアは、jkobaによるUARTのプログラムとjh3iyoによるTWIのプログラ

ムを合成して作成しました。ただし、アルゴリズムにおける3か所の誤りは訂正してあります。

　1か所目：補正前のupの値は、19ビットの精度で8回測定された結果は足し算され32ビット長のデータで保存されます。したがって、計測されたデータを読み出すときに8ビットシフトすることによって、19ビット8回測定結果を平均値にすることになり、正しいup値が計算できます。

　2か所目：補正のためのb3の計算には、シフト計算は必要ありません。

　3か所目：補正のためのb7の計算には、シフト計算は必要ありません。

　I^2Cインターフェイスを通して、EEPROM値を読み取り、温度や気圧を読み取り、キャリブレーションデータで補正し、正しい温度や気圧を再計算します。この気圧センサーは19ビットと極めて高精度なので、数十センチの高さを認識できます。

```
//-----------------------------------------------------------
// ATmega168 by http://maple.ces.kyutech.ac.jp/~jkoba/index.php?USART%20(ATmega168)
// Internal 8 MH RC Osc. (1/8M = 125 ns)
// barometer bmp085 by jh3iyo
// modified and corrected by takefuji
//-----------------------------------------------------------
#define FOSC      F_CPU
#include <avr/io.h>
#include <util/delay.h>
#include <compat/twi.h>
#include <avr/interrupt.h>
#define BAUD      9600
#define UBRR      FOSC/16/BAUD-1
#define SET_TWCR(x)    TWCR = (x) | _BV(TWINT) | _BV(TWEN)
#define TWI_START SET_TWCR(_BV(TWSTA))
#define TWI_ACK   SET_TWCR(_BV(TWEA))
#define TWI_NACK  SET_TWCR(0)
#define TWI_NEXT  SET_TWCR(0)
#define TWI_STOP  SET_TWCR(_BV(TWSTO))
#define TWI_END   SET_TWCR(0)
#define SENSOR_ADDR 0xee
signed int ac1,ac2,ac3,b1,b2,mb,mc,md;
unsigned int ac4,ac5,ac6;
```

```c
  signed long t, p, ut, up, x1, x2, x3, b3, b5, b6;
  unsigned long b4,b7;

// TWI 待ち
unsigned char twi_wait () {
  while (! (TWCR & _BV(TWINT)));
  return TW_STATUS;
}

// TWI 送信
unsigned char twi_write (unsigned char dat) {
  TWDR = dat;
  TWI_NEXT;
  return twi_wait();
}

// TWI 受信
unsigned char twi_read (char ack) {

  if (ack) {
        TWI_ACK;
  } else {
        TWI_NACK;
  }
  twi_wait();
  return TWDR;
}

/* if OK,return TW_MT_SLA_ACK. */
// アドレス送信
char twi_setsla (unsigned char sla_rw) {
  char r;

  TWI_START;
  r = twi_wait();
  if (r == TW_REP_START || r == TW_START) {
        `r = twi_write(sla_rw);
        if (r != TW_MT_ARB_LOST && r != TW_MT_SLA_ACK && r != TW_MR_SLA_ACK) {
                TWI_STOP;
```

```c
        }
    }
    return r;
}

// TWI 初期化
void twi_init () {
    TWSR = 0;              //TWI プリスケーラは 0 にしておく
    TWBR = ((FOSC/1000) / 200 - 16) / 2; // 200kHz(16MHz)
    TWCR = _BV(TWEN);
}

// short の値読み取り
unsigned short twi_readshort (unsigned char id, unsigned char addr) {
    char r;
    unsigned short i;
    r = twi_setsla(id | TW_WRITE);
    if (r != TW_MT_SLA_ACK) {
            return 0;
    }
    twi_write(addr);
    r = twi_setsla(id | TW_READ);
    if (r != TW_MR_SLA_ACK) {
            return 0;
    }
    i = twi_read(1) << 8;
    i |= twi_read(0);
    TWI_STOP;
    return i;
}

// long の値読み取り
unsigned long twi_readlong (unsigned char id, unsigned char addr) {
    char r;
    unsigned long i;
    r = twi_setsla(id | TW_WRITE);
    if (r != TW_MT_SLA_ACK) {
            return 0;
    }
    twi_write(addr);
```

```c
  r = twi_setsla(id | TW_READ);
  if (r != TW_MR_SLA_ACK) {
        return 0;
  }
  i = (unsigned long)twi_read(1) << 16;
  i |= (unsigned long)twi_read(1) << 8;
  i |= twi_read(0);
  TWI_STOP;
  return i;
}

// char の値書き込み
char twi_writechar (unsigned char id, unsigned char addr, unsigned char dat) {
  char r;
  r = twi_setsla(id | TW_WRITE);
  if (r != TW_MT_SLA_ACK) return r;
  twi_write(addr);
  twi_write(dat);
  TWI_STOP;
  return 0;
}

//***********************************************************
// 気圧センサー BMP085 (I2C)
//***********************************************************

// BMP085 初期化
void init_bmp085 () {
  twi_init();

  // キャリブレーションデータ読み込み
  ac1 = twi_readshort(SENSOR_ADDR, 0xaa);
  ac2 = twi_readshort(SENSOR_ADDR, 0xac);
  ac3 = twi_readshort(SENSOR_ADDR, 0xae);
  ac4 = twi_readshort(SENSOR_ADDR, 0xb0);
  ac5 = twi_readshort(SENSOR_ADDR, 0xb2);
  ac6 = twi_readshort(SENSOR_ADDR, 0xb4);
  b1 = twi_readshort(SENSOR_ADDR, 0xb6);
  b2 = twi_readshort(SENSOR_ADDR, 0xb8);
```

```c
    mb = twi_readshort(SENSOR_ADDR, 0xba);
    mc = twi_readshort(SENSOR_ADDR, 0xbc);
    md = twi_readshort(SENSOR_ADDR, 0xbe);
}

long getp_bmp085 () {
    // 温度読み込み
    twi_writechar(SENSOR_ADDR, 0xf4, 0x2e);
    _delay_ms(5);
    ut = twi_readshort(SENSOR_ADDR, 0xf6);
    // 気圧読み込み
    //twi_writechar(SENSOR_ADDR, 0xf4, 0x34 | (oss << 6));
    twi_writechar(SENSOR_ADDR, 0xf4, 0xf4 );
    _delay_ms(10);
    _delay_ms(10);
    _delay_ms(10);
    _delay_ms(10);
    //up = twi_readlong(SENSOR_ADDR, 0xf6) >> (8 - oss);
    up = twi_readlong(SENSOR_ADDR, 0xf6)>>8;
    // 温度補正 (temp in 0.1C)
    x1 = (ut - ac6) * ac5 >>15;
    x2 = ((int32_t)mc << 11) / (x1 + md);
    b5 = x1 + x2;
    t = (b5 + 8) >>4;
    // 気圧補正 (press in Pa)
    b6 = b5 - 4000;
    x1 = (b2 * (b6 * b6 >>12)) >>11;
    x2 = ac2 * b6 >>11;
    x3 = x1 + x2;
//      b3 = ((((unsigned long)ac1 * 4 + x3) << oss) + 2) / 4;
    b3 = ((int32_t) ac1 * 4 + x3 + 2) >> 2;
    x1 = ac3 * b6 >>13;
    x2 = (b1 * (b6 * b6 >>12)) >>16;
    x3 = ((x1 + x2) + 2) >>2;
    b4 = (ac4 * (uint32_t)(x3 + 32768)) >>15;
//      b7 = ((uint32_t)up - b3) * (50000 >> oss);
    b7 = ((uint32_t)up - b3) * 50000;
    if (b7 < 0x80000000) {
        p = (b7 * 2) / b4;
    } else {
```

```c
            p = (b7 / b4) * 2;
    }
    x1 = (p >>8) * (p >>8);
    x1 = (x1 * 3038) >>16;
    x2 = (-7357 * p) >>16;
    p = p + ((x1 + x2 + 3791) >>4);
    return p;
}


//-------------------------------------------------------------
// Initialize USART0
//-------------------------------------------------------------
void init_USART0(unsigned int baud)
{
    UBRR0 = baud;                         // Set Baudrate
    UCSR0C = (3<<UCSZ00);                 // Character Size 8 bit
    UCSR0B |= _BV(RXEN0) | _BV(TXEN0);    // Receiver and Transmitter Enable
}


//-------------------------------------------------------------
// Set Receive Interrupt Enable
//-------------------------------------------------------------
void setRXCIE_USART0()
{
    UCSR0B |= _BV(RXCIE0);
}


//-------------------------------------------------------------
// Receive 1 byte Data
//-------------------------------------------------------------
unsigned char receive_1byte_USART0(void)
{
    loop_until_bit_is_set(UCSR0A, RXC0);
    return UDR0;
}


//-------------------------------------------------------------
// Transmit 1 byte Data
//-------------------------------------------------------------
```

```c
void transmit_1byte_USART0(unsigned char data)
{
    loop_until_bit_is_set(UCSR0A, UDRE0);
    UDR0 = data;
}


//-----------------------------------------------------------
// Transmit String Data
//-----------------------------------------------------------
void transmit_str_USART0(char *str)
{
    while (*str != 0) {
        transmit_1byte_USART0(*str);
        *str++;
    }
}

int main()
{
char buft[15],bufp[15],utbuf[15],upbuf[15],abuf[15];
long pp;
  init_bmp085();
  pp = getp_bmp085();
    init_USART0(UBRR);   // initialize USART0
  sprintf(upbuf,"%s%ld%s","up=",up," ");
  sprintf(utbuf,"%s%ld%s","ut=",ut," ");
  sprintf(buft,"%s%ld%s","t=",t," ");
  sprintf(bufp,"%s%ld%s","p=",pp,"\n\r");
    while (1) {
switch( receive_1byte_USART0()) {
  case 'h':transmit_str_USART0("hello t p b a r\n\r");break;
        case '0':DDRB |=0x01;PORTB &=0xfe;transmit_str_USART0("off\
n\r");break;
        case '1':DDRB |=0x01;PORTB |=0x01;transmit_str_USART0("on\
n\r");break;
        case 't':transmit_str_USART0(buft);break;
        case 'p':transmit_str_USART0(bufp);break;
        case 'b':transmit_str_USART0(utbuf);
          transmit_str_USART0(upbuf);break;
  case 'r':init_bmp085();
```

```c
            pp = getp_bmp085();
sprintf(upbuf,"%s%ld%s","up=",up," ");
sprintf(utbuf,"%s%ld%s","ut=",ut," ");
sprintf(buft,"%s%ld%s","t=",t," ");
sprintf(bufp,"%s%ld%s","p=",pp,"\n\r");
        transmit_str_USART0("updated\n\r");break;
case 'a':sprintf(abuf,"%s%d%s","ac1=",ac1," ");
        transmit_str_USART0(abuf);
        sprintf(abuf,"%s%d%s","ac2=",ac2," ");
        transmit_str_USART0(abuf);
        sprintf(abuf,"%s%d%s","ac3=",ac3," ");
        transmit_str_USART0(abuf);
        sprintf(abuf,"%s%d%s","ac4=",ac4," ");
        transmit_str_USART0(abuf);
        sprintf(abuf,"%s%d%s","ac5=",ac5," ");
        transmit_str_USART0(abuf);
        sprintf(abuf,"%s%d%s","ac6=",ac6," ");
        transmit_str_USART0(abuf);
        sprintf(abuf,"%s%d%s","b1=",b1," ");
        transmit_str_USART0(abuf);
        sprintf(abuf,"%s%d%s","b2=",b2," ");
        transmit_str_USART0(abuf);
        sprintf(abuf,"%s%d%s","mb=",mb," ");
        transmit_str_USART0(abuf);
        sprintf(abuf,"%s%d%s","mc=",mc," ");
        transmit_str_USART0(abuf);
        sprintf(abuf,"%s%d%s","md=",md," ");
        transmit_str_USART0(abuf);
        break;
default:break;
        }
    }
    return 0;
}
```

図 4.2.4 ハードウェア UART とハードウェア I²C ファームウェア（BMP 085）

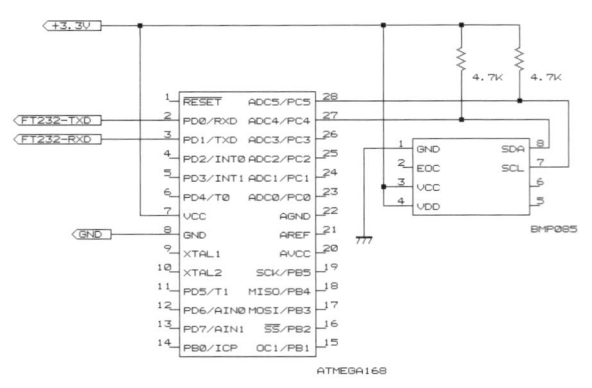

図 4.2.5 BMP 085 気圧センサーの回路図

　AVR ライタ (FT 232) のブレッドボードの 12j (FT 232 RL USB シリアル変換モジュールの TxD) と気圧センサーガジェットの ATmega 168 の 2 番ピンと接続します。同様に、AVR ライタブレッドボードの穴 8j (FT232RL USB シリアル変換モジュールの RxD) と気圧センサーブレッドボードの ATmega 168 の 3 番ピンを接続します。気圧センサーガジェットと AVR ライタブレッドボード間には、+3.3 V、GND、TxD、RxD の 4 本の単線接続が必要です。

```
TARGET = ATmega168
F_CPU=8000000
COMPILEC = avr-gcc -Wall -O2 -Iusbdrv -I. -DF_CPU=$(F_CPU)
-mmcu=$(TARGET) # -DDEBUG_LEVEL=2
OBJECTS =  main.o
all:    main.hex
.c.o:
 $(COMPILEC) -c $< -o $@
.cpp.o:
 $(COMPILECPP) -c $< -o $@
.S.o:
 $(COMPILEC) -x assembler-with-cpp -c $< -o $@
.c.s:
 $(COMPILEC) -S $< -o $@
.cpp.s:
 $(COMPILECPP) -S $< -o $@
clean:
 rm -f main.hex main.lst main.obj main.cof main.list main.map main.eep.hex main.bin *.o main.s
main.bin:       $(OBJECTS)
```

```
    $(COMPILEC) -o main.bin $(OBJECTS) -Wl,-Map,main.map
main.hex:       main.bin
    rm -f main.hex main.eep.hex
    avr-objcopy -j .text -j .data -O ihex main.bin main.hex
disasm: main.bin
    avr-objdump -d main.bin
flash:
    avrdude -c chicken -p $(TARGET) -P ft0 -u -U flash:w:main.hex
fuses:
    avrdude -c chicken -p $(TARGET) -P ft0 -U hfuse:w:0xdf:m -U
lfuse:w:0xe2 -B 38400
```

図 4.2.6 BMP 085 ファームウェア生成のための Makefile

図 4.2.7 に示す気圧センサーガジェットと AVR ライタブレッドボードとの 4 本の接続を再確認してください（+3.3 V, GND, TxD, RxD）

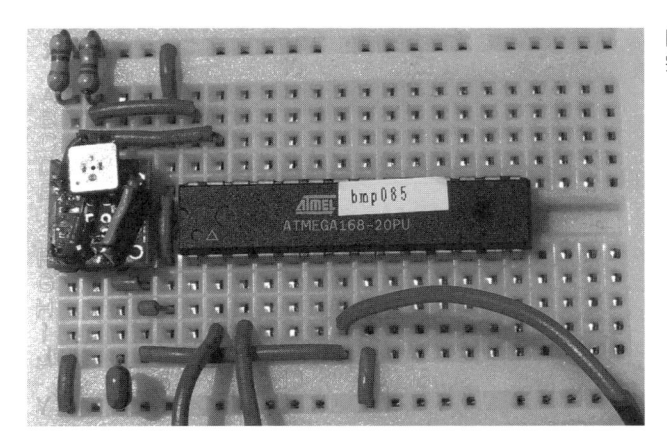

図 4.2.7
完成した BMP 085 気圧センサー

気圧センサーのファームウェアを検証するために、パソコンに **Tera Term** をインストールします。

    http://ttssh2.sourceforge.jp/

あらかじめ、AVR ライタ（FT 232）の COM ポートを調べておきます。Windows のデバイスマネージャを立ち上げ、図 4.2.8 の場合、USB Serial Port が COM 5 であることがわかります。

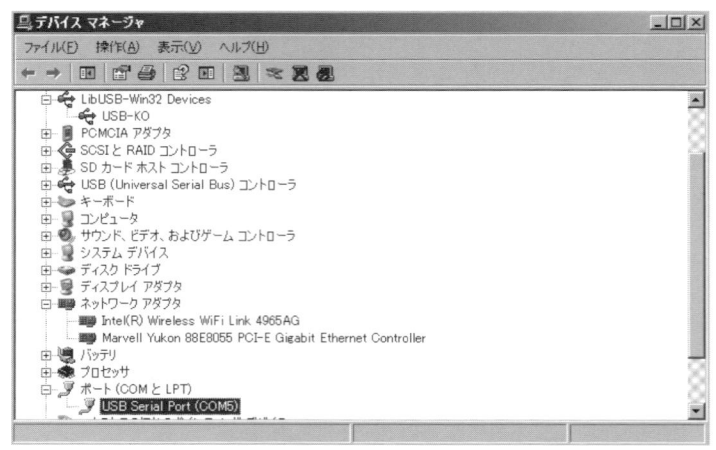

図 4.2.8 デバイスマネージャで USB Serial の COM 番号を確認

ガジェットのテスト方法

Tera Term を 9600 baud で COM 5 に接続します。Tera Term コンソールで、h と入力するとコンソールに、"hello h p b a r" が表示されます。表示がない場合は、次の四つを確認してください。

1. ATmega 168 がブレッドボードにしっかり挿さっているか確認する。
2. AVR ライタと気圧センサーボードの間に 4 本線 (+3.3 V, GND, TxD, RxD) が正しく接続されているか確認する。
3. 気圧センサーの配線を再度チェックします。2 本のプルアップ抵抗が +3.3 V 接続されているか確認します。
4. Tera Term のボーレートと COM 番号を確認します。パソコン側が正しく動作しているかを確認するには、AVR ライタの TxD と RxD を単線で接続してください。エコーモードになるので、Tera Term に入力した文字がすぐに画面に表示されます。Tera Term を再起動して、再接続する。

Tera Term に t と入力すると温度が表示されます。表示された温度を 10 で割ると正しい数字になります。t=204 は、20.4 度のことです。p と入力すると p=100821 と表示されます。パスカル値 (Pa) なので、1008.21 hPa (ヘクトパスカル) であることがわかります。r を入力すると、再計測します。b や a の入力は、デバッグ用で内部パラメータ情報を表示します。

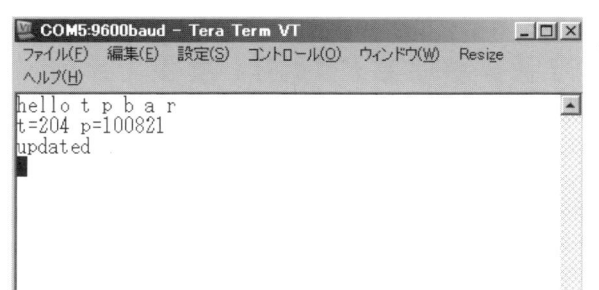

図 4.2.9
Tera Term による BMP085 の検証

チャレンジ！問題

問題 4-2： ATmega168 以外の、ハードウェア UART、AVR チップを調べてみましょう。

4.3　水晶発振子なしのソフトウェア USB と ソフトウェア UART

　8 ピン AVR チップの場合、水晶発振を使わなければ、このための 2 本の信号線を有効に利用できます。ATtiny45 や ATtiny85 などの **PLL(phase locked loop)** 機能内蔵 AVR チップの場合、16.5 MHz の正確な発振をソフトウェアで実現できます。main.c ファイル内にあるキャリブレーション関数が PLL を使って、正確なクロック発振を実現しています。回路図を図 4.3.1 に示します。ソフトウェア UART には Tx (send) と Rx (receive) がありますが、ここでは、PB1 端子を UART の Tx のみ設定しました。

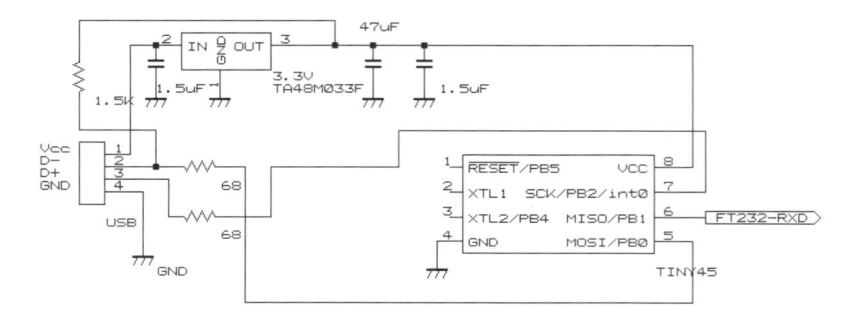

図 4.3.1 水晶発振子なしのソフトウェア USB+ ソフトウェア UART（ATtiny 45）の回路図

図 4.3.2
実装されたソフトウェア USB+ ソフトウェア UART

　ソフトウェア UART のボーレート設定と Tx の設定には、softuart.h を変更します。ここでは、PB1 を Tx に、9600 ボーレートに設定しています。

```
#define SOFTUART_BAUD_RATE   9600
#define SOFTUART_TXPORT  PORTB
#define SOFTUART_TXDDR   DDRB
#define SOFTUART_TXBIT      PB1
```

図 4.3.3 softuart.h での変更

　main.c の usbFunctionSetup 関数に示すように、パソコンから文字 0 が USB を経由して AVR に送られてくると、PB1 を 0 にします。同様に、文字 1 が送られてくると PB1 を 1 にします。それ以外の文字がパソコンから送られてくると、ソフトウェア UART の Tx 端子からその文字が出力されます。ソフトウェア UART を使うには、

```
softuart_init();         ソフトウェア UART を初期化してから
softuart_putchar(c);     文字変数 c を Tx から送信します。

uchar usbFunctionSetup(uchar data[8])
{
static uchar replybuf[8];
USBMsgPtr = replybuf;
unsigned char c=data[1];
if(c=='0'){
  DDRB=0x02;
  PORTB=0x0;
  replybuf[0]=c;
  return 1;}
else if(c=='1'){
  DDRB=0x02;
  PORTB=0x02;
  replybuf[0]=c;
  return 1;}
else {
softuart_init();
softuart_putchar(c);
replybuf[0]=c;return 1;}
}
```

図 4.3.4 usbFunctionSetup

このファームウェアの検証には、4.2節で紹介した方法を使います。AVRライタブレッドボードの8j（FT232RLUSBシリアル変換モジュールのRxD）とATtiny45のPB1と接続してください。二つのブレッドボードの間には単線1本の接続だけです。

```
cygwin を起動して、次の命令を実行してください。
$ wget http://web.sfc.keio.ac.jp/~takefuji/usb_uart_t45.zip
$ unzip usb_uart_t45.zip
$ cd usb_uart_t45
$ make clean
$ make                  main.hex を生成し、ATtiny45 を AVR ライタに挿します
$ make flash            main.hex ファイルを ATtiny45 に書き込みます
$ make fuses            PLL 利用の fuses 設定をします
```

図4.3.1や図4.3.2に示すように、回路の配線を完成させます。書き込んだATtiny45をブレッドボードに挿します。パソコンの音量を最大にしてから、パソコンとATtiny45ブレッドボードをUSBケーブルで接続します。ピンポンと音が出れば順調のようです。

パソコン上で、Tera Termを9600ボーレート（正しいCOMを選んで）で起動します。

cygwinの画面で、次の命令を実行します。
```
$ ./pc a
```
画面にキーボードの文字がTera Termに現れれば成功です。ATtiny45のPB1とGNDの間にLEDと1.5kΩの直列抵抗を接続すれば、LEDを点灯・消灯できます。

16.5MHzに発振するためのPLLのキャリブレーションプログラムはmain.cに含まれています。また、Makefile内で、PLL利用のための大事なfusesの設定をしています。つまり、hfuseの値は0xddに、lfuseの値は0xe1に設定しています。

```
#include <avr/io.h>
#include <avr/wdt.h>
#include <avr/eeprom.h>
#include <avr/interrupt.h>
#include <avr/pgmspace.h>
#include <util/delay.h>
```

4.3 水晶発振子なしのソフトウェア USB とソフトウェア UART

```c
#include "usbdrv.h"
#include "oddebug.h"

static void timerInit(void)
{
    TCCR1 = 0x0b;          /* select clock: 16.5M/1k -> overflow rate = 16.5M/256k = 62.94 Hz */
}


PROGMEM char usbHidReportDescriptor[USB_CFG_HID_REPORT_DESCRIPTOR_LENGTH] = { /* USB report descriptor */
  ...
};

uchar usbFunctionSetup(uchar data[8])
{
static uchar replybuf[8];
usbMsgPtr = replybuf;
unsigned char c=data[1];

if(c=='0'){
  DDRB=0x02;
  PORTB=0x0;
  replybuf[0]=c;
  return 1;}
else if(c=='1'){
  DDRB=0x02;
  PORTB=0x02;
  replybuf[0]=c;
  return 1;}
else {
softuart_init();
softuart_putchar(c);
replybuf[0]=c;return 1;}
}

static void calibrateOscillator(void)
{
uchar       step = 128;
uchar       trialValue = 0, optimumValue;
```

```c
    int         x, optimumDev, targetValue = (unsigned)(1499 * (double)
F_CPU / 10.5e6 + 0.5);

        do{
           OSCCAL = trialValue + step;
           x = usbMeasureFrameLength();    /* proportional to current real frequency */
           if(x < targetValue)             /* frequency still too low */
               trialValue += step;
           step >>= 1;
        }while(step > 0);
        optimumValue = trialValue;
        optimumDev = x; /* this is certainly far away from optimum */
        for(OSCCAL = trialValue - 1; OSCCAL <= trialValue + 1; OSCCAL++){
            x = usbMeasureFrameLength() - targetValue;
            if(x < 0)
                x = -x;
            if(x < optimumDev){
                optimumDev = x;
                optimumValue = OSCCAL;
            }
        }
        OSCCAL = optimumValue;
}

void    usbEventResetReady(void)
{
    calibrateOscillator();
    eeprom_write_byte(0, OSCCAL);   /* store the calibrated value in EEPROM */
}

int main(void)
{
uchar i;
uchar   calibrationValue;

    calibrationValue = eeprom_read_byte(0); /* calibration value from last time */
```

```
        if(calibrationValue != 0xff){
            OSCCAL = calibrationValue;
        }
        odDebugInit();
        usbDeviceDisconnect();
        for(i=0;i<20;i++){    /* 300 ms disconnect */
            _delay_ms(15);
        }
        usbDeviceConnect();

        DDRB = 0x02 | DDRB;
PORTB=0;
        timerInit();
        usbInit();
        sei();
        for(;;){    /* main event loop */
            usbPoll();
            }
        return 0;
}
```

図 4.3.5 水晶発振なしの USB+ ソフトウェア UART ファームウェア

Makefile を図 4.3.6 に示します。

```
DEVICE=attiny45
AVRDUDE = avrdude -c chicken -p $(DEVICE)
COMPILE = avr-gcc -Wall -Os -Iusbdrv -I. -mmcu=$(DEVICE) -DF_CPU=16500000
OBJECTS = usbdrv/usbdrv.o usbdrv/usbdrvasm.o usbdrv/oddebug.o softuart.o main.o
all:      main.hex pc.exe
pc.exe:
  gcc pc.c -o pc.exe -lusb
.c.o:
  $(COMPILE) -c $< -o $@
.S.o:
  $(COMPILE) -x assembler-with-cpp -c $< -o $@
.c.s:
```

```
    $(COMPILE) -S $< -o $@
flash:    all
    $(AVRDUDE) -u -U flash:w:main.hex:i -P ft0
# Fuse high byte:
# 0xdd = 1 1 0 1   1 1 0 1
#        ^ ^ ^ ^   ^ \-+-/
#        | | | |   |   +------ BODLEVEL 2..0 (brownout trigger level -> 2.7V)
#        | | | |   +---------- EESAVE (preserve EEPROM on Chip Erase -> not preserved)
#        | | | +-------------- WDTON (watchdog timer always on -> disable)
#        | | +---------------- SPIEN (enable serial programming -> enabled)
#        | +------------------ DWEN (debug wire enable)
#        +-------------------- RSTDISBL (disable external reset -> enabled)
# Fuse low byte:
# 0xe1 = 1 1 1 0   0 0 0 1
#        ^ ^ \+/   \--+--/
#        | |  |       +------- CKSEL 3..0 (clock selection -> HF PLL)
#        | |  +--------------- SUT 1..0 (BOD enabled, fast rising power)
#        | +------------------ CKOUT (clock output on CKOUT pin -> disabled)
#        +-------------------- CKDIV8 (divide clock by 8 -> don't divide)
fuses:
    $(AVRDUDE) -u -U hfuse:w:0xdd:m -U lfuse:w:0xe1:m -P ft0
readcal:
    $(AVRDUDE) -U calibration:r:/dev/stdout:i | head -1
clean:
    rm -f main.hex  main.obj softuart.o  main.map main.eep.hex main.bin *.o usbdrv/*.o main.s usbdrv/oddebug.s usbdrv/usbdrv.s pc.exe
main.bin:       $(OBJECTS)
    $(COMPILE) -o main.bin $(OBJECTS)
main.hex:       main.bin
    rm -f main.hex main.eep.hex
    avr-objcopy -j .text -j .data -O ihex main.bin main.hex
```

```
    ./checksize main.bin 8192 512
disasm: main.bin
  avr-objdump -d main.bin
cpp:
  $(COMPILE) -E main.c
```

図 4.3.6 USB+ ソフトウェア UART の Makefile（ATtiny 45）

4.4　USB ディジタルコンパス（I²C モドキ）

　4.3 節の USB ガジェットに**ディジタルコンパスセンサー**（HM 55 B）を加えてみました。このセンサーは日立製なのですが、日本語の情報はあまりないようです。HM 55 B は 16 ピンの IC ですが、Parallax 社が 6 ピンのセンサーとして販売しています。Parallax 社は、Basic Stamp を販売している会社です。このチップの Basic 言語のソースコードは手に入るので、C 言語に変換してみました。ディジタルコンパスセンサーは、地球の磁場を測定するセンサーで、それぞれ 11 ビット長の X 軸と Y 軸の磁気強度を測定します。この X 軸と Y 軸の磁気強度情報を使うことで、真北からのラジアン角度 θ が計算できるようです。

　Basic のソースコードは、次のサイトからダウンロードできます。
　　http://www.parallax.com/Portals/0/Downloads/src/prod/3rd/HM55BViewSrc.zip

　HM 55 B のデータシートは、次のサイトからダウンロードできます。
　　http://www.parallax.com/Portals/0/Downloads/docs/prod/compshop/HM55BDatasheet.pdf

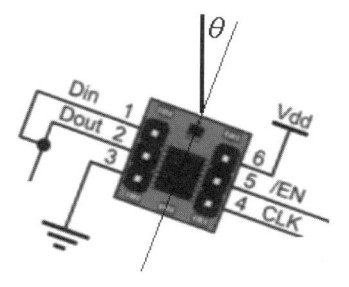

図 4.4.1
ディジタルコンパス HM 55 B

ラジアン角度 θ_r は、真北の方向からの時計回りの角度であり、
ラジアン角度 $\theta_r = \arctan(-Y/X)$ の式で計算できます。
実際の角度 θ は、$\theta = \arctan(-Y/X) \times 180/\pi$ となります。

X 軸と Y 軸の磁気データは、次の図に示すタイミングで読み出すことができます。はじめに、リセットコマンドをセンサーに送ってから、スタートコマンド、続いて、リードコマンドの順で必要なデータを読み取ることができます。

HM55Bの通信方式は I²C に似ているのですが、8ビット単位のデータではないようです。ATtiny45 にプログラムが入りきらないので、ATtiny85 用にファームウェアを開発しました。この章ではじめて、arctan 計算のために浮動小数点演算を AVR チップで実行させます。AVR のプログラムだけでは、自動的に浮動小数点のライブラリは組み込まれません。浮動小数点ライブラリを組み込むためには、Makefile ファイル内に、avr-gcc のコンパイルフラグを使う必要があります。浮動小数点演算のためには、CFLAG= -Wl,-u,vfprintf -lprintf_flt のコンパイルフラグが必要です。

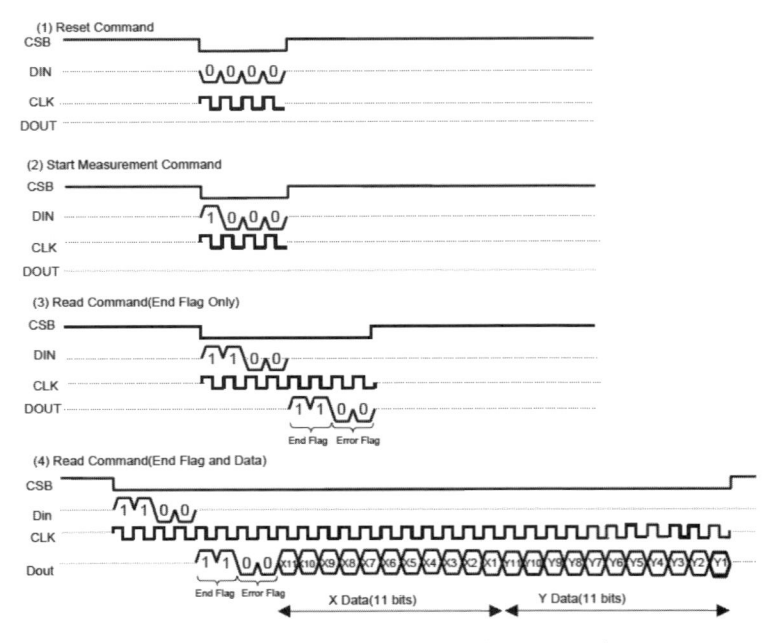

図 4.4.2 X 軸と Y 軸の磁気データを読み出すタイミングチャート

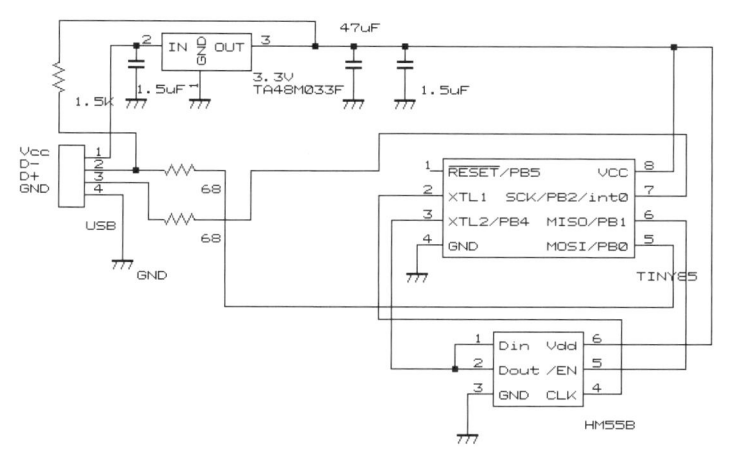

図 4.4.3 USB ディジタルコンパス(I^2C モドキ) の回路図

ファームウェアを生成する Makefile を次の図で示します。

```
# Name: Makefile
# Project: USBHM55B
# Author: takefuji
# Creation Date: 2009-12-20
CFLAG= -Wl,-u,vfprintf -lprintf_flt
DEVICE=ATtiny85
AVRDUDE = avrdude -c chicken -p $(DEVICE)
COMPILE = avr-gcc -Wall -Os -IUSBdrv -I. $(CFLAG) -mmcu=$(DEVICE)
-DF_CPU=16500000
OBJECTS = USBdrv/USBdrv.o USBdrv/USBdrvasm.o USBdrv/oddebug.o main.o
all:    main.hex pc.exe
pc.exe:
  gcc pc.c -o pc.exe -lusb
.c.o:
  $(COMPILE) -c $< -o $@
.S.o:
  $(COMPILE) -x assembler-with-cpp -c $< -o $@
.c.s:
  $(COMPILE) -S $< -o $@
flash:    all
  $(AVRDUDE) -u -U flash:w:main.hex:i -P ft0
```

```
fuses:
  $(AVRDUDE) -u -U hfuse:w:0xdd:m -U lfuse:w:0xe1:m -P ft0
readcal:
  $(AVRDUDE) -U calibration:r:/dev/stdout:i | head -1
clean:
  rm -f main.hex  main.obj main.map main.eep.hex main.bin *.o
USBdrv/*.o main.s USBdrv/oddebug.s USBdrv/USBdrv.s
main.bin:         $(OBJECTS)
  $(COMPILE) -o main.bin $(OBJECTS)
main.hex:         main.bin
  rm -f main.hex main.eep.hex
  AVR-objcopy -j .text -j .data -O ihex main.bin main.hex
  ./checksize main.bin 8192 512
```

図 4.4.4 磁気コンパスの Makefile

main.c プログラムでは、回路図にしたがって、PB1 の出力は、HM55B の /EN 信号となります。PB4 は DinDout に接続され入出力となります。また、PB3 の出力は CLK となります。プログラム中で disable() と enable() 関数は、/EN 信号の disable と enable の設定をします。dout(char *pulse)関数は、先ほどの reset(0000)、start(1000)、read(1100) の信号を発生します。

unsigned long din(unsigned char bits) 関数は、Dout の信号を読み取ります。read() 関数は、read コマンドの end flag と error flag を確認します (0xC)。パソコンから文字 "x" が送られてくると、次の関数を実行します。din(11) 関数で、11 ビットの 2 の補数 X を読み込みます。X が負であれば、

0xf800 と OR 演算します。同様に、11 ビットの Y を更に読み込みます。

```
if(c=='x'){
  read();
  result=din(11);
  x=(0x7ff & result);
if((x&0x400)!=0){x = x|0xf800;}
  result=din(11);
  y=(0x7ff & result);
if((y&0x400)!=0){y = y|0xf800;}
double   theta=atan2(-y,x);
```

```c
    sprintf(replybuf,"%1.5f",theta);
    return sizeof(theta);}


/* USB without crystal for MH55B digital compas designed by
takefuji on Dec.20, 2009 */
#include <avr/io.h>
#include <avr/wdt.h>
#include <avr/eeprom.h>
#include <avr/interrupt.h>
#include <avr/pgmspace.h>
#include <util/delay.h>
#include <math.h>
#include <compat/deprecated.h>
#include "usbdrv.h"
#include "oddebug.h"
#include <math.h>

static void timerInit(void)
{
    TCCR1 = 0x0b;            /* select clock: 16.5M/1k -> overflow rate = 16.5M/256k = 62.94 Hz */
}

PROGMEM char usbHidReportDescriptor[USB_CFG_HID_REPORT_DESCRIPTOR_LENGTH] = { /* USB report descriptor */
    …
};

void disable(){
sbi(DDRB,1);          //PB1(/EN) output
sbi(PORTB,1);         //PB1=1 diabled
}

void enable(){
sbi(DDRB,1);          //PB1(/EN) output
cbi(PORTB,1);         //PB1=0 enabled
}

void dout(char *pulse){
```

```c
    disable();
    enable();
    _delay_ms(1);
    sbi(DDRB,4);            //PB4(DinDout) output
    sbi(DDRB,3);            //PB3(CLK) output
    sbi(PORTB,3);           //PB3(CLK)=1
    _delay_ms(1);
    while(*pulse){
    if((*pulse)=='0'){
      _delay_ms(1);
      cbi(PORTB,4);  //PB4(DinDout)=0
      _delay_ms(1);
      cbi(PORTB,3);  //PB3(CLK)=0
      _delay_ms(1);
      sbi(PORTB,3);  //PB3(CLK)=1
      _delay_ms(1);
      pulse++;}
    else{ _delay_ms(1);
      sbi(PORTB,4);  //PB4(DinDout)=1
      _delay_ms(1);
      cbi(PORTB,3);  //PB3(CLK)=0
      _delay_ms(1);
      sbi(PORTB,3);  //PB3(CLK)=1
      _delay_ms(1);
      pulse++;}
      }
    }

    unsigned long din(unsigned char bits){
    unsigned char i;
    unsigned long data=0;
    enable();
    cbi(DDRB,4);            //PB4(DinDout) input
    sbi(PORTB,3);           //PB3(CLK)=1
    _delay_ms(1);
    for(i=0;i<bits;i++){
    if((PINB&0x10)==0){data |=(0<<(bits-1-i));}
            else{data |=(1<<(bits-1-i));}
    _delay_ms(1);
    cbi(PORTB,3);            //PB3(CLK)=0
```

```
    _delay_ms(1);
    sbi(PORTB,3);           //PB3(CLK)=1
    _delay_ms(1);
}
return data;
}

void read(){
unsigned long ret;
disable();
dout("0000");
_delay_ms(1);
dout("1000");
_delay_ms(1);
ret=0;
while(ret!=0x0c){
disable();
enable();
dout("1100");
ret=din(4);}
}

uchar usbFunctionSetup(uchar data[8])
{
static uchar replybuf[8];
usbMsgPtr = replybuf;
unsigned char c=data[1];
unsigned int result;
int x,y;

if(c=='x'){
  read();
  result=din(11);
  x=(0x7ff & result);
if((x&0x400)!=0){x = x|0xf800;}
  result=din(11);
  y=(0x7ff & result);
if((y&0x400)!=0){y = y|0xf800;}
double   theta=atan2(-y,x);
  sprintf(replybuf,"%1.5f",theta);
```

```
//         sprintf(replybuf,"%s%d%s%d%s%1.5lf"," x=",x," y=",y," angle=",theta);
  return sizeof(theta);}
else {
replybuf[0]=c;return 1;}
}

/* ---------------- Oscillator Calibration --------------- */
static void calibrateOscillator(void)
{
uchar       step = 128;
uchar       trialValue = 0, optimumValue;
int         x, optimumDev, targetValue = (unsigned)(1499 * (double)F_CPU / 10.5e6 + 0.5);

    do{
        OSCCAL = trialValue + step;
        x = usbMeasureFrameLength();    /* proportional to current real frequency */
        if(x < targetValue)             /* frequency still too low */
            trialValue += step;
        step >>= 1;
    }while(step > 0);
    optimumValue = trialValue;
    optimumDev = x; /* this is certainly far away from optimum */
    for(OSCCAL = trialValue - 1; OSCCAL <= trialValue + 1; OSCCAL++){
        x = usbMeasureFrameLength() - targetValue;
        if(x < 0)
            x = -x;
        if(x < optimumDev){
            optimumDev = x;
            optimumValue = OSCCAL;
        }
    }
    OSCCAL = optimumValue;
}

void    usbEventResetReady(void)
{
```

```c
        calibrateOscillator();
        eeprom_write_byte(0, OSCCAL);    /* store the calibrated value
in EEPROM */
}

int main(void)
{
uchar i;
uchar   calibrationValue;

        calibrationValue = eeprom_read_byte(0); /* calibration value
from last time */
        if(calibrationValue != 0xff){
            OSCCAL = calibrationValue;
        }
        odDebugInit();
        usbDeviceDisconnect();
        for(i=0;i<20;i++){   /* 300 ms disconnect */
            _delay_ms(15);
        }
        usbDeviceConnect();
        timerInit();
        usbInit();
        sei();
        for(;;){    /* main event loop */
            usbPoll();
            }
        return 0;
}
```

図 4.4.5 USB 磁気コンパスファームウェア(PLL＋I²C モドキ)

```c
/* USB host program using TINY85 designed by takefuji:gcc pc.c -o
pc -lusb */
#include <usb.h>
#include <stdio.h>
#include <string.h>
#include <ncurses.h>
unsigned short IDVendor=   0x1384;    /*VID must be changed. */
```

```c
unsigned short IDProduct= 0x8888;                /*PID must be changed.*/

static int usbOpenDevice(usb_dev_handle **device, int idvendor, int idproduct)
{
  struct usb_bus *bus;
  struct usb_device *dev;
  usb_dev_handle *udh=NULL;
  int ret,retp, retm,errors;
  char string[256];
  usb_init();
  usb_find_busses();
  ret=usb_find_devices();
  if(ret==0){return errors=1;}
  for (bus = usb_busses; bus; bus = bus->next)
  {
          for (dev = bus->devices; dev; dev = dev->next)
          {
                  udh=usb_open(dev);
                  retp = usb_get_string_simple(udh, dev->descriptor.iProduct, string, sizeof(string));
                  retm=usb_get_string_simple(udh, dev->descriptor.iManufacturer, string, sizeof(string));
                  if (retp > 0 && retm > 0)
                          if (idvendor==dev->descriptor.idVendor && idproduct==dev->descriptor.idProduct){ *device=udh;return errors=0;}
          }
  }
                        usb_close(udh);return errors=1;
}

int main(int argc, char **argv)
{
  usb_dev_handle *d=NULL;
  unsigned char *buffer;
  unsigned char i=3,j=4,k=5,l=6,m=7,n=8,o=9,p=0,ret;
if(argc<2){return 0;}
i=argv[1][0];
```

```
      ret=usbOpenDevice(&d, IDVendor,IDProduct);
      if(ret!=0){printf("usbOpenDevice failed\n"); return 0;}

      ret=usb_control_msg(d, USB_TYPE_VENDOR | USB_RECIP_DEVICE | USB_
ENDPOINT_IN,i, j+256*k, l+256*m,(char *)buffer, n+256*o,5000);
      printf("angle from north is %3.0f\n",floor(atof(buffer)*57.29578));
      return 0;
}
```

図 4.4.6 USB 磁気コンパスホストプログラム (pc.c)

すべてのプログラムソースを、次のサイトからダウンロードし解凍します。
```
$ wget http://web.sfc.keio.ac.jp/~takefuji/usbt85_HM55B.zip
$ make clean
$ make            main.hex を作成します。ATtiny85 をガジェットに挿してから
$ make flash      main.hex を ATtiny85 に書き込みます
```
書き込んだ ATtiny85 をガジェットボードに挿し、パソコンと USB 接続します。
```
$ pc x            x コマンドをガジェットに送ると、ディジタルコンパスガジェットが角度を
                  返してきます。
```

角度の浮動小数点計算をさせようとすると、ATtiny85 のフラッシュメモリ領域の許容量を超えるので、このガジェットではラジアン角度をパソコンに返してきます。パソコンのアプリケーションソフトウェア (pc.c) では、アスキー文字で送られてきたラジアン角度の文字列を浮動小数点に変換してから、その値を $180/\pi = 57.29578$ 倍して表示します。

チャレンジ！問題

問題 4-3： 磁気コンパスのいろいろな利用法を考えて見ましょう。

4.5 ソフトウェア USB+ ソフトウェア UART+ ソフトウェア I²C+PLL

四つのプロトコルスタックを **ATtiny 85** のファームウェアに入れてみました。4.3 節で説明した気圧センサーの USB ガジェット版です。四つのプロトコルとは、ソフトウェア USB、ソフトウェア UART、ソフトウェア I²C、PLL 発振プロトコルです。

回路図を図 4.5.1 に示し、完成したガジェットを図 4.5.2 に示します。
すべてのソースコードは、次のサイトからダウンロードしてください。

```
$ wget http://web.sfc.keio.ac.jp/~takefuji/usbt85_i2c_uart_bmp085.zip
```

次の命令で、ダウンロードしたファイルを解凍します。

```
$ unzip usbt85_i2c_uart_bmp085.zip
```

cd 命令で、ソースコードのディレクトリに移動します。

```
$ cd usbt85_i2c_uart_bmp085.zip
```

一度、main.hex と pc.exe を削除します。

```
$ make clean
```

必要なファイル(main.hex と pc.exe)をコンパイルします。

```
$ make
```

ファームウェアを ATtiny 85 に main.hex に書き込みます。

```
$ make flash
```

書き込みをした ATtiny 85 をガジェットブレッドボードに挿しガジェット回路の配線を完成させます。次の命令で、パソコン画面に気温と気圧が表示されます。

```
$ pc r
```

I²C マスターと呼ばれるソフトウェア I²C では、I2Cmaster.S のファイル内で、SDA と SCL のポートとピン番号を設定します。

```
#define SDA         4           // SDA Port B, Pin 3
#define SCL         3           // SCL Port B, Pin 2
```

4.5 ソフトウェア USB+ソフトウェア UART+ソフトウェア I²C+PLL

```
#define SDA_PORT         PORTB          // SDA Port B
#define SCL_PORT         PORTB          // SCL Port B
```

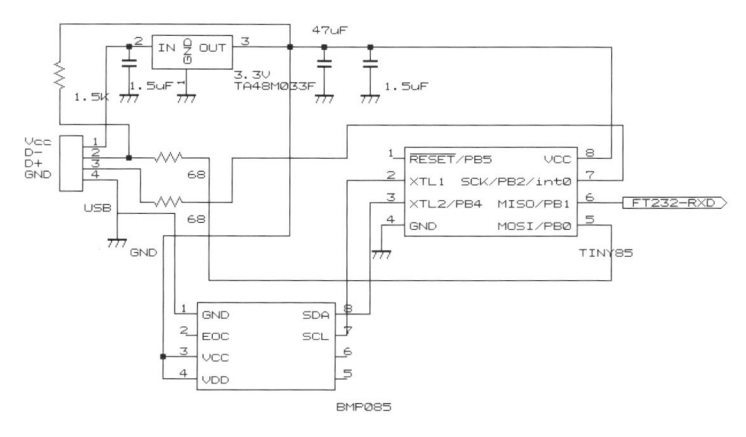

図 4.5.1 気圧センサー USB ガジェットの回路図

ソフトウェア UART では、softuart.h ファイルで、ボーレートと Tx や Rx のポートとピン番号を設定します。

```
#define SOFTUART_BAUD_RATE   9600
#define SOFTUART_TXPORT      PORTB
#define SOFTUART_TXDDR       DDRB
#define SOFTUART_TXBIT       PB1
```

ソフトウェア USB では、usbconfig.h で、USB の D＋信号と D－信号のポートとピン番号を設定します。

```
#define USB_CFG_IOPORTNAME      B
/* This is the port where the USB bus is connected. When you configure it to
 * "B", the registers PORTB, PINB and DDRB will be used.
 */
#define USB_CFG_DMINUS_BIT      0
/* This is the bit number in USB_CFG_IOPORT where the USB D- line is connected.
 * This may be any bit in the port.
```

```
*/
#define USB_CFG_DPLUS_BIT       2
/* This is the bit number in USB_CFG_IOPORT where the USB D+ line
is connected.
 * This may be any bit in the port. Please note that D+ must also
be connected
 * to interrupt pin INT0!
 */
```

図 4.5.2 気圧センサー USB ガジェット

チャレンジ！問題

問題 4-4： 比較的簡単なプロトコールスタックにはどのようなものがあるか調べてみましょう。例えば、赤外線通信プロトコールスタックにもいろいろな種類があります。一番身近な赤外線通信は、テレビなどのリモコンですが、メーカーによって異なります。

問題 4-5： テレビのリモコンにもいろいろな種類があります。エアコンのリモコンも通信プロトコールが異なります。どのような種類があるかテレビ・エアコンに関して調べてみましょう。

4.6 iPod Touch/iPhone/iPad ガジェット

　この章では、**iPod Touch**、**iPhone** や **iPad**（以降「iPod Touch など」あるいは単に「iPod」と記します）のルート（管理者）の権限を奪取するので、すべて読者のリスクの範囲で、自己責任でチャレンジしてください。著者はいっさいの責任を取ることができません。ルート権限を奪取することを英語では、**jailbreak（脱獄）**と呼びます。自分のパソコンや無線 LAN の管理者の権限を持つことは当たり前ですが、iPod Touch などでは、通常ユーザに管理者権限は与えられていません。

　現在、いろいろな jailbreak 方法があります。まず、自分が買った iPod Touch が 1G か 2G か 3G かを確かめ、パソコンに iTunes をインストールして、ファームウェア（firmware）のバージョンを確認してください。2010 年 1 月では、最新版の iPod Touch/iPhone 3.1.2 専用の jailbreak ツールがいくつかあります。一番簡単な jailbreak ソフトウェアが blackra1n です。blackra1n の jailbreak は、tethered と呼ばれます。jailbreak は短時間で完了するのですが、reboot するためには毎回パソコンに接続し blackra1n を再起動する必要があります。iPod Touch などを使わないときは電源を切らないで常に sleep させましょう。

　図 4.2.5 に示した BMP 085 気圧センサー回路図に ATmega 168 の 14 番ピン（PB 0）と GND の間に LED と 1.5 kΩ 抵抗を直列に接続します。インターネットショップの aitendo から iPod インターフェイス基板を購入し、ATmega 168 と 4 本の線：GND、+3.3 V、Tx、Rx を、iPod 基板のピン 11、ピン 18、ピン 12、ピン 13 にそれぞれ接続します。iPod Touch などの Dock インターフェイスは、30 ピンです。iPod のインターフェイス基板には、ハンダ付けで単線接続します。

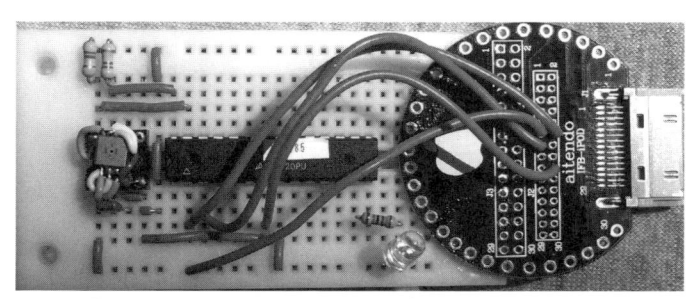

図 4.6.1 iPod Touch/iPhone 用の気圧センサーガジェット

詳しいピン配置については、次のサイトを参考にしてください。

http://pinouts.ru/PortableDevices/ipod_pinout.shtml

重要なこととして、iPodを買ったときの状態に戻すには、iTunesを立ち上げると、復元しますかとメッセージが出てきます。表示されている復元ボタンをクリックすれば簡単にiPodを復元できます。

jailbreakするには、blackra1nソフトウェアをインターネット検索して、パソコンにダウンロードしておきます。ここでは、iPod Touch 2G（firmware 3.1.2）の例です。

1. iPod Touch 2GをUSBケーブルでパソコンに接続し、blackra1n.exeダブルクリックし、jailbreakソフトウェアを起動します。
2. しばらくすると、blackra1nのiconがiPod画面に現れます。
3. iPodが自動的にrebootしたら、iPodの画面にblackra1nのアプリケーションがインストールされています（図4.6.2）。
4. iPodをインターネット接続のために無線LAN接続します。
5. iPod画面のblackra1nをクリックし、CydiaやRockをインストールします。
6. Cydiaからさまざまなソフトウェアツールをインストールできます。

今回紹介するガジェットに必要なソフトウェアパッケージは、すべて**Cydiaツール**からインストールできます。インストールすべきソフトウェアパッケージは、WhatIP、openssh、ldidの三つです。iPod上のCydiaを起動して、WhatIP、openssh、ldidなどをインストールしてください。

今回のプロジェクトに必要なインストールを次の順番で実行してください。

1. 無線LANにiPod Touchを接続します。
2. WhatIPを起動して、IPアドレスを調べます。ここではIPは、192.168.0.18です。
3. パソコンでcygwinを起動し、次の命令を実行

図4.6.2 blackra1nインストール画面

します。IP アドレスは環境によって異なるので、調べた iPod の IP を入れます。

```
$ ssh root@192.168.0.18    次のメッセージが表示されます。
The authenticity of host '192.168.0.18 (192.168.0.18)' can't be
established.
RSA key fingerprint is 88:b8:78:1b:2c:e8:5c:c8:b7:c2:00:95:5c:df:a
e:35.
Are you sure you want to continue connecting (yes/no)? yes   と入力し
ます。
Warning: Permanently added '192.168.0.18' (RSA) to the list of
known hosts.
root@192.168.0.18's password:   alpine のパスワードを入力します。
ipod2g:~ root# exit                     exit と入力します。
```

4. cygwin を起動して、次の命令を実行していきます。

```
$ cd
$ wget http://web.sfc.keio.ac.jp/~takefuji/serial.zip
$ unzip serial.zip                 serial.zip ファイルを解凍します。
$ cd serial                        serial ディレクトリに移動します。
$ scp serial root@192.168.0.18:~/  serial 実行ファイルを iPod に転送しま
                                   す。
password を要求されたら、alpine と入力してください。
$ ssh root@192.168.0.18
root@192.168.0.18's password:      alpine のパスワードを入力します。
ipod2g:~ root#   ldid -S serial    実行ファイル serial を署名チェックします。
```

serial ファイルを直接実行できるように、chmod を実行します。chmod はファイルやディレクトリのアクセス権限を変更するコマンドです。

```
ipod2g:~ root#   chmod 755 serial    serial ファイルを実行可能にします。
```

ここで、気圧センサーガジェットを iPod Touch に接続します。引き続き次の命令を実行してください。

```
ipod2g:~ root#   ./serial 1        LED を点灯させます。
ipod2g:~ root#   ./serial 0        LED を消灯させます。
ipod2g:~ root#   ./serial t        温度を表示します。
ipod2g:~ root#   ./serial p        気圧を表示します。
ipod2g:~ root#   ./serial r        気温・気圧を測定します。
```

```
ipod2g:~ root#   ./serial t          新しく測定された温度を表示します。
ipod2g:~ root#   ./serial p          新しく測定された気圧を表示します。
```

次に、Makefile と serial.c ファイルから serial の実行ファイルを生成します。コンパイルするには、arm-apple-darwin-gcc クロスツールをパソコンにインストールするか、ネイティブの gcc を iPod Touch などにインストールしてください。ネイティブ gcc があれば、Cydia から簡単にインストールできます。iPod が 1G であれば難しくありませんが、2G や 3G であれば、ネイティブ gcc のインストールは複雑です。

iPod Touch などのクロスプログラム開発するのであれば、次のサイトでアップル社の ADC ユーザ登録をしてください。

  https://connect.apple.com/cgi-bin/WebObjects/MemberSite.woa/

ここでは、Windows 用の**クロスコンパイラ (arm-apple-darwin)** ツールを cygwin に構築する方法を紹介します。cygwin を起動し、次の命令を実行してください。

```
$ cd /usr
```

クロスコンパイラツールをダウンロードします。

```
$ wget http://web.sfc.keio.ac.jp/~takefuji/local.tar
```

ダウンロードしたツールを解凍します。

```
$ tar xvf local.tar
```

ホームディレクトリに移動し、PATH を加えます。

```
$ cd
$ vim .bashrc
```

.bashrc ファイルに、/usr/local/bin を PATH に加えてください。

```
PATH=.:/bin:/sbin:/usr/bin:/usr/sbin:/usr/local/bin
```

vim の代わりに notepad か write でも変更できますが、"\r" 文字がファイルに混入している場合は、次のコマンド(d2u)で不必要な"\r" 文字を削除できます。

```
$ d2u .bashrc
```

次にルートディレクトリに移動します。

```
$ cd /
$ wget http://web.sfc.keio.ac.jp/~takefuji/as.tar
```

```
$ tar xvf as.tar          as を解凍します。
$ cd                      ホームディレクトリに戻ります。
```

インストールしたクロスコンパイラをテストするには、次の命令を実行してください。

```
$ cd
$ cd serial
$ make clean
$ make
$ ls                      ここで、実行ファイル serial が生成できれば成功です。
Makefile serial serial.c
```

serial 実行ファイルを iPod に転送します。

```
$ scp serial root@192.168.0.18:~/
serial                                        100%    13KB    13.5KB/s
00:00
ssh 命令で iPod に入ります。
$ ssh root@192.168.0.18
root@192.168.0.18's password:   alpine のパスワードを入力します。
ipod2g:~ root#  ldid -S serial  serial ファイルを署名チェックします。
```

次に serial ファイルを実行し、次のメッセージが表示されれば、クロスコンパイラ環境は利用可能です。

```
ipod2g:~ root# ./serial
Current input baud rate is 9600
Current output baud rate is 9600
Input baud rate changed to 9600
Output baud rate changed to 9600
start...
serial 1,0,t,p,or r
```

serial プログラムは非常に単純です。iPod 画面で入力された 1 文字を（命令）として、自作したガジェットに UART 経由で転送します。iPod から送られてきた命令を受信したガジェットは、その命令を粛々と実行し、その結果を UART で送り返します。iPod では、ガジェットから送られてきた結果を、iPod 画面に表示します。UART の接続は、9600 ボーレート、8 ビット、パリティなし、1 ストップビットです。

```c
/* UART 9600 8bit no-parity 1stop serial interface to BMP085
barometer gadget
developed by takefuji on dec. 12,2009. command h t p*/
#include <stdio.h>    /* Standard input/output definitions */
#include <string.h>   /* String function definitions */
#include <unistd.h>   /* UNIX standard function definitions */
#include <fcntl.h>    /* File control definitions */
#include <errno.h>    /* Error number definitions */
#include <termios.h>  /* POSIX terminal control definitions */
static struct termios gOriginalTTYAttrs;

static int OpenSerialPort()
{
    int         fileDescriptor = -1;
    int         handshake;
    struct termios  options;
    fileDescriptor = open("/dev/tty.iap", O_RDWR | O_NOCTTY | O_NONBLOCK);
    if (fileDescriptor == -1)
    {
        printf("Error opening serial port %s - %s(%d).\n",
            "/dev/tty.iap", strerror(errno), errno);
        goto error;
    }

    if (ioctl(fileDescriptor, TIOCEXCL) == -1)
    {
        printf("Error setting TIOCEXCL on %s - %s(%d).\n",
            "/dev/tty.iap", strerror(errno), errno);
        goto error;
    }

    if (fcntl(fileDescriptor, F_SETFL, 0) == -1)
    {
        printf("Error clearing O_NONBLOCK %s - %s(%d).\n",
            "/dev/tty.iap", strerror(errno), errno);
        goto error;
    }

    if (tcgetattr(fileDescriptor, &gOriginalTTYAttrs) == -1)
```

```
    {
        printf("Error getting tty attributes %s - %s(%d).\n",
            "/dev/tty.iap", strerror(errno), errno);
        goto error;
    }

    options = gOriginalTTYAttrs;
    printf("Current input baud rate is %d\n", (int)
cfgetispeed(&options));
    printf("Current output baud rate is %d\n", (int)
cfgetospeed(&options));
    cfmakeraw(&options);
    options.c_cc[VMIN] = 1;
    options.c_cc[VTIME] = 10;
    cfsetspeed(&options, B9600);    // Set 9600 baud
    options.c_cflag |= (CS8);  // RTS flow control of input
    printf("Input baud rate changed to %d\n", (int)
cfgetispeed(&options));
    printf("Output baud rate changed to %d\n", (int)
cfgetospeed(&options));

    if (tcsetattr(fileDescriptor, TCSANOW, &options) == -1)
    {
        printf("Error setting tty attributes %s - %s(%d).\n",
            "/dev/tty.iap", strerror(errno), errno);
        goto error;
    }
    return fileDescriptor;
error:
    if (fileDescriptor != -1)
    {
        close(fileDescriptor);
    }
    return -1;
}

int main(int argc, char *argv[])
{
  int fd;
  unsigned char i;
```

```c
  char somechar[20];
  fd=OpenSerialPort();
  if(fd>-1)
  {
printf("start...\n");
if(argc<2){printf("serial 1,0,t,p,or r\n"); exit(1);}
  i=argv[1][0];
write(fd,&i,1);
read(fd,somechar,sizeof(somechar));
printf("your request: %s\n",somechar);
  }
  return 0;
}
```

図4.6.3 iPod Touch/iPhone用のserial.c

```
#CC=/usr/bin/gcc -v              //native compiler
# クロスコンパイラのとき
CC=arm-apple-darwin-gcc -v
CXX=/usr/bin/g++
TARGET=serial
LD=$(CC)
LDFLAGS = -framework CoreFoundation \
          -framework Foundation \
          -framework UIKit \
          -framework CoreGraphics \
          -framework CoreSurface \
          -lobjc
all:    $(TARGET)
#       ldid -S $(TARGET)        //native compiler
Hello:  $(TARGET).o
        $(LD) $(LDFLAGS) -o $@ $^
%.o:    %.m
                $(CC) -c $(CFLAGS) $(CPPFLAGS) $< -o $@
clean:
                rm -f *.o $(TARGET)
```

図4.6.4 iPod Touch/iPhone用の気圧センサーガジェットMakefile

```
serial を iPod Touch/iPhone 上で実行するには、次のライブラリが必要です。
/System/Library/Frameworks/Foundation.framework/Foundation
/System/Library/Frameworks/UIKit.framework/UIKit
/System/Library/Frameworks/CoreGraphics.framework/CoreGraphics
/usr/lib/libgcc_s.1.dylib
/usr/lib/libSystem.B.dylib
```

▶▶ **Python による UART 制御**

パソコンや携帯端末からガジェットを UART 制御する場合、C 言語プログラムでは少し複雑になりますが、**Python 言語**を用いると、非常に簡単になります。ここでは、Python 言語を使って UART ガジェットを制御するプログラムを説明します。ガジェットの設計開発するときは、常に最小限の努力で完成するようにすることが肝心です。

ここで紹介する Python の API (application program interface) は、pyserial です。pyserial のおかげで、iPod から簡単に UART 制御ができます。準備として、Cydia から apt コマンドをインストールします。apt コマンドによって、様々なパッケージをインストールできます。次に、python をインストールします。

```
ipod2g:~ root# apt-get install python
```

wget コマンドで次のサイトから pyserial-2.5-rc2.tar.gz をダウンロードします。

```
http://sourceforge.net/projects/pyserial/files/pyserial/2.5-rc2/
pyserial-2.5-rc2.tar.gz
```

ダウンロードしたらファイルを解凍します。

```
ipod2g:~ root# tar xvf pyserial-2.5-rc2.tar.gz
ipod2g:~ root# cd pyserial-2.5-rc2
```

次のコマンドで pserial の API をインストールします。

```
ipod2g:~ root# python setup.py install
```

問題がなければ、pserial の API のインストールは完了です。

pyserial の API を使った UART ガジェット制御プログラム例をダウンロードしてください。

```
ipod2g:~ root# wget http://web.sfc.keio.ac.jp/~takefuji/serial.py
ipod2g:~ root# cat serial.py    serial.py プログラムソースを表示します。
#!/usr/bin/env python
```

```python
import serial
while 1:
        a=raw_input('enter command: ')
        if a=='on':
                a='1'
        elif a=='off':
                a='0'
        elif a=='end':
                break           com=serial.Serial('/dev/tty.iap',baudra
te=9600,bytesize=8,parity='N',stopbits=1,timeout=1)
        com.write(a)
        print com.readline()
        com.close()
```

serial.py の使い方も非常に簡単です。直接実行できるように次の命令を実行します。

```
ipod2g:~ root# chmod 755 serial.py
ipod2g:~ root# ./serial.py
enter command: on       と入力すると LED が点灯します。
```

その他の実行可能なコマンドは、off、t、p、r、end です。

serial.py プログラムでは、pyserial の API は、import serial コマンドで読み込むことができます。a=raw_input() 関数は、端末からの入力関数で、読み込まれた文字列は、変数 a に代入します。com=serial.Serial() 関数は、UART 設定を行う関数です。UART の com.write(xxx) 関数は、UART の Tx コマンドになり、xxx の文字列が送信されます。com.readline() 関数は、UART の Rx コマンドになります。端末での出力は、print コマンドで実行します。

チャレンジ！問題

問題 4-6： iPhone や iPod Touch には UART の他に USB、bluetooth、無線 LAN などがありますが、どのようにアクセスするか調べてみましょう。

問題 4-7： どのようなセンサーを付けたら、面白いガジェットになるか考えてみましょう。

iPad の jailbreak 方法

http://spiritjb.com/ より、Windows 版、Mac 版、Linux 版のいずれかをダウンロードします。例えば、Windows 版では、SpiritForiPad.exe ファイルです。パソコンに iPad を USB 接続してから SpiritForiPad.exe ファイルをダブルクリックすると、自動的に Cydia インストーラが iPad にインストールされます。Cydia を使って様々なソフトウェアをインストールできます。

iPad に gcc をインストールする

1. 前述と同様に SpiritForiPad.exe をダウンロードします。

2. パソコンと iPad を USB 接続してから、Spirit をダブルクリックするだけです。

3. Cydia が iPad にインストールされるので、Cydia から Debian Packager (dpkg) と APT パッケージングツール (apt-get) などのコマンド、wget コマンドなどをインストールします。openssh と openssl もインストールします。

4. Windows であれば、Cygwin をインストールしてから openssh, vim, expect などを cygwin からインストールします。

5. iPad を無線 LAN に接続します。ip アドレスを確認します。

6. Cygwin を立ち上げてから、次のコマンドを実行してください。
   ipad_ip_address は先ほど確認した ip アドレス番号です。
   ```
   $ ssh root@ipad_ip_address
   root@192.168.0.32's password:
   ```
   alpine の 6 文字を入力します。
   次の四つの命令を実行します。
   ```
   root# wget http://apt.saurik.com/debs/libgcc_4.2-20080410-1-6_iphoneos-arm.deb
   root# dpkg -i libgcc_4.2-20080410-1-6_iphoneos-arm.deb
   root# apt-get install iphone-gcc
   root# apt-get install make ldid zip unzip
   ```

7. http://www.2shared.com/file/wx3Kc7RW/sys32.html の Save file to your PC: "click here" をクリックすると、147M の sys32.tgz (libraries と headers) を iPad にダウンロードします。
   /var/mobile/sys32.tgz にファイルをおきます。
   file 転送には、scp コマンドを使います。
   あるいは、次のコマンドを実行してください。

```
        root# cd /var/mobile
        root# wget http://web.sfc.keio.ac.jp/~takefuji/sys32.tgz
```

8. 次の三つのコマンドを iPad で実行し、gcc ツールのインストールが完了します。
```
        root# mkdir -p /var/toolchain
        root# cd /var/toolchain
        root# tar -xzvf /var/mobile/sys32.tgz
```

9. iPad に nqueen.c をダウンロードして、コンパイルし、実行してみましょう。
```
        root# wget http://web.sfc.keio.ac.jp/~takefuji/nqueen.c
        root# gcc nqueen.c -I/var/toolchain/sys32/usr/include -L/var/toolchain/sys32/usr/lib
        root# ldid -S a.out
        root# ./a.out
```
   Please define the queen problem size(5-100). が表示されれば成功です。

10. 次の命令を iPad で実行してください。
```
        root# cd /Library
        root# ln -s /var/toolchain/sys32/System/Library/Frameworks/ Frameworks
```

なお、最新の Jailbreak 情報は、次の URL を参照してください。
http://en.wikipedia.org/wiki/Jailbreaking_for_iOS

4.7　無線モジュール XBee の使い方

ZigBee 無線モジュールで、商品名が **XBee** という無線モジュールは、3.3 V 電源駆動で、AT コマンドと API コマンドなどのプロトコルスタックを備えています。また、128 ビットの **AES 暗号機能**が内蔵されています。

X-CTU という無料のソフトウェアツールは、XBee 無線モジュール専用の設定ツールとして、またテストツールとして役立ちます。次のサイトからツールをダウンロードできます。
　　　http://ftp1.digi.com/support/utilities/40002637_c.exe

チップアンテナ（フラクタルアンテナ）付きの XBee は、20 ピンで、1 番ピンが Vcc、2 番ピンが UART の Tx、3 番ピンが UART の Rx、GND が 10 番ピンです。

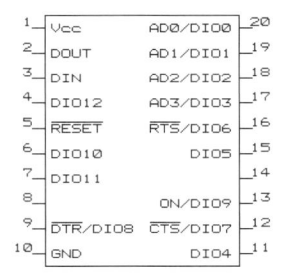

図 4.7.1 XBee のピン配置

XBee は UART（Tx と Rx）を経由して他のデバイスとコミュニケーションできます。UART のデータフロー制御用の CTS と RTS があります。

図 4.7.2 に示すように、USB 経由で XBee をパソコンから制御するために FT 232 と XBee を接続します。XBee には、FT 232 から +3.3 V と GND を接続します。さらに、制御のために UART の Tx と Rx を接続します、また、CTS と RTS の制御線を接続します。

プロトコルスタックは、UART を経由して AT コマンドで実行できます。個々の XBee 無線モジュールは 16 ビットのネットワークアドレスと 64 ビットスタティックアドレスを持っていて互いの XBee を識別します。通常、XBee 無線モジュールは、idle モード（または、スリープモード）にいます。idle モードから XBee を起こすには、+++ の 3 文字を転送します。その

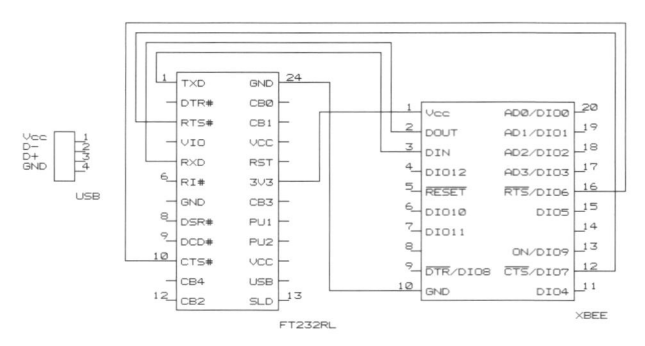

図 4.7.2 XBee と FT232RL との回路図

後さまざまな AT コマンドを使って、設定・通信できます。

　XBee は、コーディネータ、ルーター、または端末デバイスのいずれかの役目を果たします。主な AT コマンドを次に示します。

主な AT コマンド

　　+++　………… コマンドモードスタート
　　atmy　………… 自分の 16 ビットアドレス表示
　　atmy1111　……… 自分の 16 ビットアドレス設定(1111)
　　atdl …………… 宛先 16 ビットアドレス(l は L の小文字)
　　atdl1f ………… 宛先 16 ビットアドレス設定(1f)
　　atwr　………… flash に書き込み
　　atcn ………………AT コマンド終了

　　atre ……………… 工場出荷状態に戻す
　　atfr ……………… ソフトウェアリセット
　　atnr ……………… ネットワークリセット
　　atpl ……………… 出力信号強度(0: −8dBm, 1: −4dBm, 2: −2dBm, 3: 0dBm, 4: +2dBm)
　　atdb ……………… 受信信号強度
　　atct ……………… タイムアウト値
　　atsh ……………… シリアル番号 High (32 ビット)
　　atsl ……………… シリアル番号 Low (32 ビット)

atni ……………… ノード Id
atnt ……………… ノード検索タイムアウト
atnd ……………… ノード検索
atbd ……………… ボーレート (0:1200, 1=2400, 2=4800, 3=9600, 4=19200, 5=38400, 6=57600, 7=115200)

XBee ノード検索

atnd ……………… 実行コマンド
2 ………………… アドレス
13 A 200 ………… 32 ビットシリアル番号 High
40337839 ……… 32 ビットシリアル番号 Low
24 ………………… XB タイプ
YOSHIYASU …ノード Id

XBee の入出力設定

atdxy ……………… ディジタル入出力・アナログ入力
x=0, 1, 2, 3 (ビット番号) y= (0:disable, 2:アナログ入力, 3:ディジタル入力, 4:D1=0, 5:D1=1)
例えば、atd12 は、AD1 をアナログ入力に設定
atpr ……………… プルアップ抵抗
例えば、端末デバイスの設定(atre, id3332, my1, dl2) では、atre で設定をリセット、PAN-id が 3332、アドレスが 1、宛先アドレスが 2 になります。

X-CTU ソフトウェアを説明しながら、無線モジュール XBee の設定を説明します。まず、FT232 を USB ケーブルでパソコンに接続後、X-CTU を起動させます。Modem Configuration のメニューを図4.7.3に示します。Modem Parameters and Firmware メニューの Read ボタンをクリックします。図 4.7.4 に示す画面は、XBee の設定を読み込んだときの画面です。

XBee の設定を読み込めないときは、PC Setting の Baud 9600 などを確認します。また、Select COM Port に正しい COM 番号が表示されているか確かめます。

図 4.7.3 X-CTU ツール

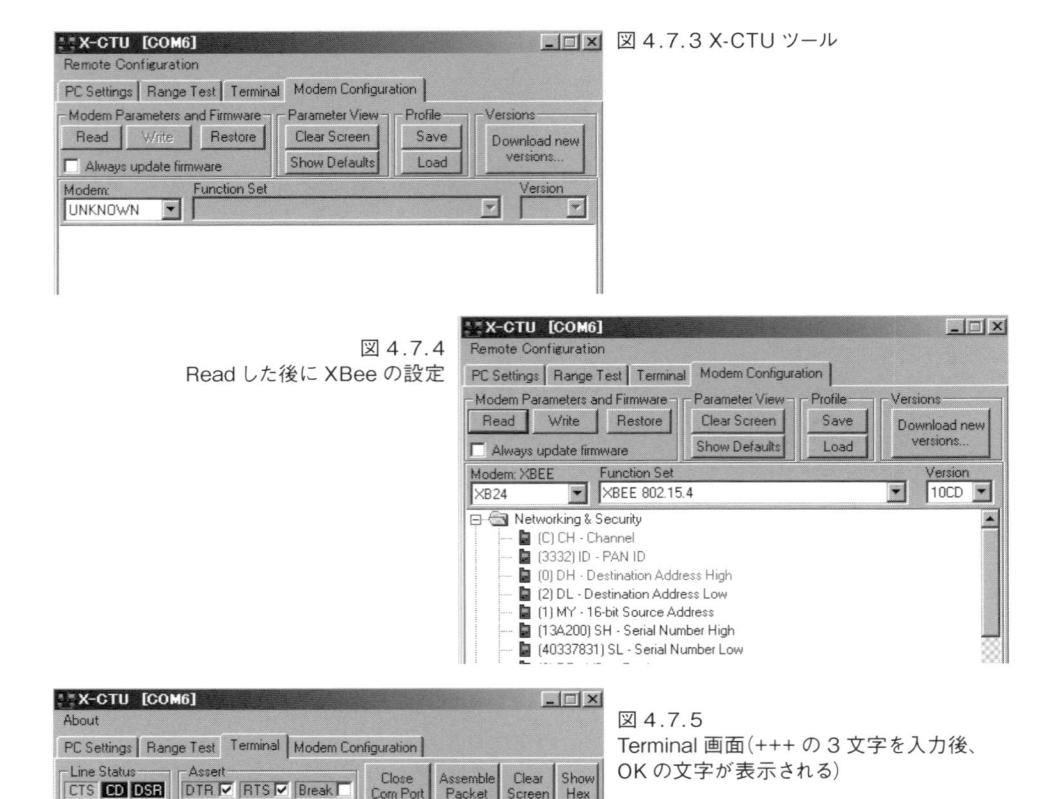

図 4.7.4 Read した後に XBee の設定

図 4.7.5 Terminal 画面（+++ の 3 文字を入力後、OK の文字が表示される）

　図 4.7.5 に示す Assemble Packet ボタンをクリックし、図 4.7.6 に示す Send Packet 内にコマンド atre, id 3332, my 1, dl 2, ni takefuji, cn を入力し、Terminal にもう一度＋＋＋の3 文字を入力し、Send Data ボタンをクリックすると、図 4.7.7 に示すようにすべてのコマンドを実行します。

　これらのコマンドは、設定のリセット、PAN-id、この XBee のアドレス、宛先アドレス、ノード id、および AT コマンド終了です。takefuji, cn のところを、takefuji, wr, cn にすると、この設定をフラッシュメモリに保存してくれます。

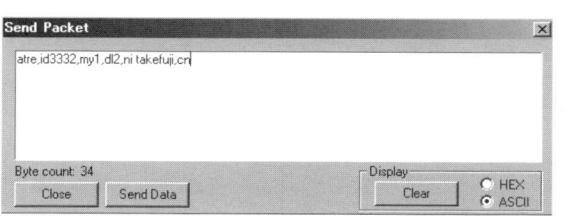

図 4.7.6
Send Packet（リセット、PAN-id、
自分 address、宛先アドレス、ノード id、
AT コマンド終了）

図 4.7.7
設定完了画面

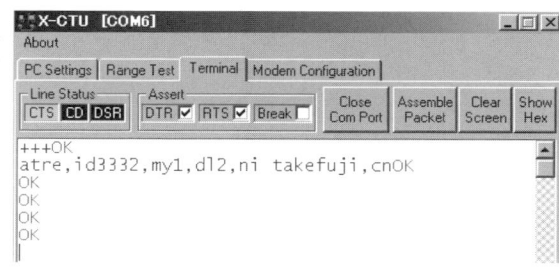

　二つの XBee 無線モジュールを用意して、次のように設定してください。

　XBee_1 の設定を、atre, id3332, my1, dl2, ni takefuji, wr, cn

　XBee_2 の設定を、atre, id3332, my2, dl1, ni yoshiyasu, wr, cn

　XBee_1 は FT232 モジュールを経由して USB 接続されたパソコンから制御できます。また、XBee_2 に 3V 電池（1.5V 電池 2 個）を接続し電源供給します。XBee_2 の 2 番ピンと 3 番ピンを単線で接続します。これは、UART の Tx と Rx を接続しエコーバックのためです。

　二つの XBee モジュールを数メートル離し、パソコン上の X-CTU を起動させ、Terminal で好きなキーを入力してください。青い文字がキー入力、赤い文字が XBee_1 → XBee_2 → XBee_1 → FT232 → USB を経由してパソコン画面に表示されます。パソコンからキー入力された文字が二つの XBee を経由してパソコンに戻ってきたことを意味します。

　XBee_2 の 2 番ピンと 3 番ピンの単線を切断すると、赤い文字は戻ってこなくなります。

　図 4.7.8 に XBee+FT232RL と XBee 無線モジュールを示します。XBee 無線モジュールには、3V の電池を接続します。

第4章　USB、I²C、UART プロトコールスタックの応用

　XBee を使うと無線 UART が簡単に実現できるので、AVR と組み合わせて楽しい作品を作ってください。

図 4.7.8
完成した XBee+FT232RL と XBee 無線モジュール

チャレンジ！問題

問題 4-8：最新の XBee には、使いやすいプロトコールスタックが組み込まれています。XBee は、他の無線 LAN アクセス（IEEE 802，11b、11g、11a、11n）の使い方と比べてどれくらい簡単なのか調べてみましょう。

問題 4-9：XBee には、コーディネータ、ルーター、または端末デバイスの 3 種類があります。どのように設定すればよいのか、調べてみましょう。

4.8 パソコン⇔ USB+XBee ⇔ XBee+BMP 085

　ここで紹介する二つのガジェットは、4.1 節で紹介した USB ガジェットに 4.7 節で説明した無線モジュール XBee を合体させたガジェットと、4.2 節で紹介した**気圧センサーガジェット**に XBee を加えたガジェットです。パソコンから、USB ガジェットを経由して、気圧センサー XBee ガジェットの値をリモートで読み取ることができます。**XBee-Pro モジュール**を使うと最大 1km までの距離をカバーできるようです。

　パソコンはインターネットに接続されているので、インターネットに接続している別のパソコンからこのセンサーの値を読み取ることができます。

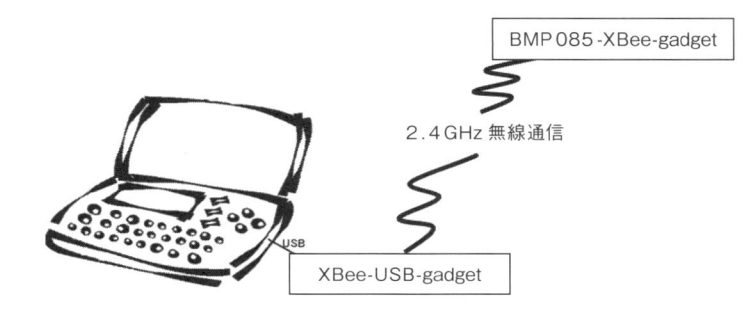

図 4.8.1 XBee-USB-gadget と BMP 085 -XBee-gadget の全体図

　USB-XBee ガジェットの回路図を図 4.8.2 に示します。XBee-BMP 085 ガジェットの回路図を図 4.8.3 に示します。

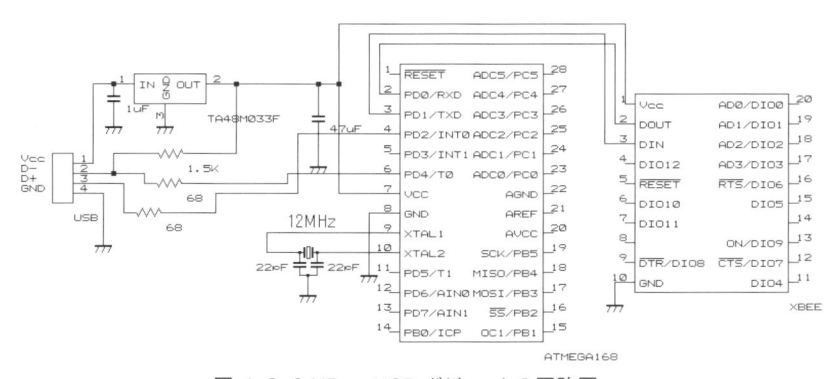

図 4.8.2 XBee-USB ガジェットの回路図

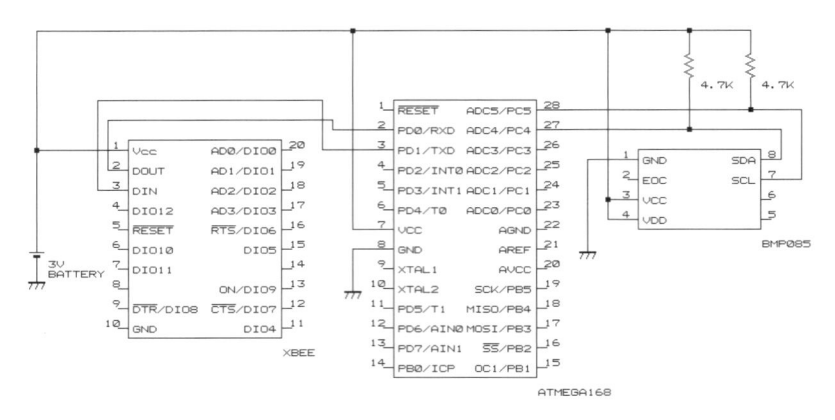

図 4.8.3 BMP085-XBee ガジェットの回路図

次のサイトから、USB-XBee ガジェットのソースプログラムをダウンロードしてください。

$ wget http://web.sfc.keio.ac.jp/~takefuji/XBee_usb_168.zip

USB-XBee ガジェットファームウェアを図 4.8.4 に示します。パソコンから USB ガジェットに送るコマンドは、リモートの XBee センサーガジェットに命令を送るためです。命令とは、例えば、センサー値を読み取って、パソコンに送り返す命令などです。USB-XBee ガジェットに 1 文字毎に送りますが、それらの文字列を送信バッファー（txbuffer）にいったん入れます。文字列の命令がすべてそろったところで、送信バッファーの文字列をリモートの XBee センサーガジェットに送ります。送信バッファーの文字列をすべてフラッシュする命令が、usbFunctionSetup 関数の大文字の "S" になります。

また、リモートの XBee センサーガジェットからパソコンの方に送られてくる文字列の結果は、いったん受信バッファーに入ります。受信バッファーの中身をフラッシュする命令が、usbFunctionSetup 関数の大文字の "R" です。

```
#include <avr/io.h>
#include <avr/wdt.h>
#include <avr/eeprom.h>
#include <avr/interrupt.h>
#include <avr/pgmspace.h>
#include <util/delay.h>
```

```c
#include "usbdrv.h"
#include "oddebug.h"
#define FOSC F_CPU
#define BAUD 9600
#define UBRR FOSC/16/BAUD-1
#define UART_BUFMAX 50
unsigned char rxbuf[UART_BUFMAX];
unsigned char txbuf[UART_BUFMAX];
unsigned char rxpointer;
unsigned char txpointer;

ISR(USART_RX_vect)
{unsigned char c=UDR0;
rxbuf[rxpointer]=c;
rxpointer++;
}

void send_1byte(unsigned char c)
{
loop_until_bit_is_set(UCSR0A, UDRE0);
UDR0=c;
}


uchar usbFunctionSetup(uchar data[8])
{
static uchar replybuf[50];
usbMsgPtr = replybuf;
unsigned char c=data[1];
int i;

if(c=='R'){
  for(i=0;i<rxpointer;i++){
  replybuf[i]=rxbuf[i];}
  i=rxpointer;
  rxpointer=0;
  return i;}
else if(c=='S'){ for(i=0;i<txpointer;i++)
        {send_1byte(txbuf[i]);}
        txpointer=0;
```

```
            return 0;}
    else{txbuf[txpointer]=c;txpointer++;}
    return 0;
}


int main(void)
{
UBRR0H=UBRR>>8;
UBRR0L=UBRR;
UCSR0A=0<<U2X0;
UCSR0B = (1<<RXEN0)|(1<<TXEN0)|(1<<RXCIE0);
UCSR0C = (0<<UMSEL00)|(3<<UCSZ00)|(1<<USBS0)|(0<<UPM00);
rxpointer=0;txpointer=0;

    usbInit();
    sei();
    for(;;){    /* main event loop */
        usbPoll();
        }
    return 0;
}
```

図 4.8.4 USB-XBee ガジェットファームウェア

パソコン上の制御ソフトウェア(pc.c)を図 4.8.5 に示します。

```
#include <usb.h>
#include <stdio.h>
#include <string.h>
#include <ncurses.h>
unsigned short IDVendor=   0x1384;           /*VID must be changed.
*/
unsigned short IDProduct=  0x8888;           /*PID must be changed.
*/

static int usbOpenDevice(usb_dev_handle **device, int idvendor, int idproduct)
{
  struct usb_bus *bus;
```

```
        struct usb_device *dev;
        usb_dev_handle *udh=NULL;
        int ret,retp, retm,errors;
        char string[256];
        usb_init();
        usb_find_busses();
        ret=usb_find_devices();
        if(ret==0){return errors=1;}
        for (bus = usb_busses; bus; bus = bus->next)
        {
                for (dev = bus->devices; dev; dev = dev->next)
                {
                        udh=usb_open(dev);
                        retp = usb_get_string_simple(udh, dev->descriptor.
iProduct, string, sizeof(string));
                        retm=usb_get_string_simple(udh, dev->descriptor.
iManufacturer, string, sizeof(string));
                        if (retp > 0 && retm > 0)
                                if (idvendor==dev->descriptor.idVendor
&& idproduct==dev->descriptor.idProduct){ *device=udh;return
errors=0;}
                }
        }
                                usb_close(udh);return errors=1;
}

int main(int argc, char **argv)
{
  usb_dev_handle *d=NULL;
  unsigned char buffer[256];
  unsigned char i=3,j=4,k=5,l=6,m=7,p,ret;
if(argc<2){return 0;}
i=argv[1][0];
ret=usbOpenDevice(&d, IDVendor,IDProduct);
if(ret!=0){printf("usbOpenDevice failed\n"); return 0;}
  ret=usb_control_msg(d, USB_TYPE_VENDOR | USB_RECIP_DEVICE | USB_
ENDPOINT_IN,i, j+256*k, l+256*m,(char *)buffer,sizeof(buffer),5000);
for(p=0;p<ret;p++){printf("%c",buffer[p]);}
  return 0;
}
```

図 4.8.5 パソコン上の制御ソフトウェア

テスト方法は、cygwin 画面で、次の命令を実行してください。

```
$ unzip XBee_usb_168.zip
$ cd XBee_usb_168
$ make clean
$ make                    ATmega168 を AVR ライタに挿してから次の命令を実行
$ make flash
$ make fuses
書き込んだ ATmega168 を USB ガジェットに挿します。
```

制御ソフトウェア pc を使って、さまざまなコマンドを BMP 085-XBee ガジェットに命令できます。例えば、run コマンドは、bash コマンドを実行します。run コマンドは、パソコンから BMP 085-XBee ガジェットへの接続を開始します。"pc S" 命令は送信バッファーの文字列をフラッシュするので、BMP 085-XBee ガジェットへの UART の send 命令になります。先に送った 3 文字 +++ の命令を完了させます。"pc R" 命令は、BMP 085-XBee ガジェットから UART 経由で USB ガジェットが受け取った受信バッファーの文字列をフラッシュするので、UART の receive 命令になります。

```
$ cat run
#!/bin/bash
pc +
pc +
pc +
pc S
pc R
```

h 命令は、hello メッセージです。r はリターンキーを送信します。

```
$ cat h
#!/bin/bash
pc h
r
pc S
pc R
```

t 命令は、温度表示の命令です。

```
$ cat t
#!/bin/bash
```

```
pc t
r
pc S
pc R
```

p命令は、気圧表示の命令です。
```
$ cat p
#!/bin/bash
pc p
r
pc S
pc R
```

up命令は、再計測の命令です。
```
$ cat up
#!/bin/bash
pc r
r
pc S
pc R
```

完成したXBee-USBガジェットとBMP085-XBeeガジェットを図4.8.6に示します。

図4.8.6
完成したXBee-USBガジェットとBMP085-XBeeガジェット

チャレンジ！問題

問題 4-10：なぜ、USB ガジェットに UART 用の受信バッファーと送信バッファーが必要なのか考えて見ましょう。

問題 4-11：パソコンから無線ガジェットへの新しい命令コマンドを作り出してみましょう。

第 5 章 Linux・MacOS・FreeBSD ユーザのための開発ツール（avr-gcc, avrdude）

　GNU 開発ツールを使って、avr-gcc と avrdude クロスツールを別の OS で再構築する方法を紹介します。**Linux、MacOS、FreeBSD** などさまざまな OS でも便利なツールを利用できるようになります。ここでは、**Vine Linux** での実行例を説明します。ここでは、binutils ツール、gcc-core ツール、avr-libc ツール、avrdude ツールの四つを紹介します。それぞれのツールのバージョンには相性があります。相性を合わせることは大変重要です。相性を合わせないと、ライブラリの依存関係によって問題を引き起こします。

　まず、binutils ツールを作成します。本家の binutils ファイルをダウンロードします。

```
$ wget ftp://ftp.gnu.org/gnu/binutils/binutils-2.19.1.tar.bz2
```

次に、ダウンロードしたファイルを解凍します。

```
$ tar xvf binutils-2.19.1.tar.bz2
```

binutils-2.19.1 に移動します。

```
$ cd binutils-2.19.1
```

次に、configure を実行し、AVR ツールの binutils を作成します。

```
$ ./configure --target=avr --prefix=/usr/local --disable-nls --enable-install-libbfd
```

次に make します。

```
$ make
```

make して、インストールします。

```
$ sudo make install          管理者になって、インストールします。
```

パスワードを入力するとインストールが完了します。

　次は、gcc-core を作成します。次のサイトから gcc-core をダウンロードします。

```
$ wget ftp://ftp.gnu.org/gnu/gcc/gcc-4.3.2/gcc-core-4.3.2.tar.bz2
```

work ディレクトリを作成します。

```
$ mkdir work
$ cd work
$ ../configure --target=avr --prefix=/usr/local --disable-nls --disable-libssp
$ make
$ sudo make install
```

次は、avr-libc ライブラリを作成します。

```
$ wget http://ftp.twaren.net/unix/NonGNU/avr-libc/avr-libc-1.6.7.tar.bz2

$ tar xvf avr-libc-1.6.7.tar.bz2
$ cd avr-libc-1.6.7
$ ./configure --build=`config.guess` --host=avr --prefix=/usr/local
$ make
$ sudo make install
```

最後に、avrdude を作成します。三つのファイルをダウンロードし解凍します。

```
$ wget http://download.savannah.gnu.org/releases-noredirect/avrdude/avrdude-5.3.1.tar.gz
$ wget http://www.geocities.jp/arduino_diecimila/bootloader/files/serjtag-0.3.tar.gz
$ wget http://www.ftdichip.com/Drivers/D2XX/Linux/libftd2xx0.4.16.tar.gz
$ tar xvf avrdude-5.3.1.tar.gz
$ tar xvf serjtag-0.3.tar.gz
$ tar xvf libftd2xx0.4.16.tar.gz
```

次に、avrdude-5.3.1 ディレクトリに移動し、patch を当てます。

```
$ cd avrdude-5.3.1
$ patch <../serjtag-0.3/avrdude-serjtag/src/avrdude-5.3.1-USB910.patch
$ patch <../serjtag-0.3/avrdude-serjtag/src/avrdude-5.3.1-AVR910d.patch
```

```
$ patch <../serjtag-0.3/avrdude-serjtag/src/avrdude-5.3.1-serjtag.patch
$ patch <../serjtag-0.3/avrdude-serjtag/src/avrdude-5.3.1-ft245r.patch
$ patch <../serjtag-0.3/avrdude-serjtag/src/avrdude-5.3.1-baud.patch
$ cp ../libftd2xx0.4.16/ftd2xx.h ./
$ cp ../libftd2xx0.4.16/WinTypes.h ./
$ cp ../libftd2xx0.4.16/static_lib/libftd2xx.a.0.4.16 ./
```

次に、configure を実行します。

```
$ ./configure CFLAGS ="-g -O2 -DHAVE_LIBUSB -DSUPPORT_FT245R" LIBS="-lncurses -ltermcap -lftd2xx -lrt"
```

次に、Makefile の次の 2 か所を変更します。

```
CFLAGS = -g -O2 -DHAVE_LIBUSB -DSUPPORT_FT245R
LIBS= -lncurses -ltermcap -lftd2xx -lrt
```

ここで、make します。

```
$ make
```

ここで、avrdude.conf ファイルに次の 9 行を加えます。

```
Programmer
  id    = "chicken";
  desc  = "FT232R SynchronoUSBitBang";
  type  = ft245r;
  miso  = 3;   # CTS X3(1)
  sck   = 5;   # DSR X3(2)
  mosi  = 6;   # DCD X3(3)
  reset = 7;   # RI  X3(4)
;
```

最後に、avrdude をインストールします。

```
$ sudo make install
```

AVR ライタを Linux マシンに接続し、ライタに Atmega 168 を挿し、次の命令を実行してください。

```
$ avrdude -c chicken -p m168 -t -B 38400
```

次のメッセージが表示されれば、avrdude も問題なく稼動できています。

```
avrdude.exe: BitBang OK
avrdude.exe: pin assign miso 3 sck 5 mosi 6 reset 7
avrdude.exe: drain OK

 ft245r:  bitclk 28800 -> ft baud 14400
avrdude.exe: AVR device initialized and ready to accept instructions

Reading | ################################################## | 100% 0.00s

avrdude.exe: Device signature = 0x 1e9406
avrdude>
```

チャレンジ！問題

問題 5-1： ツールを作成する際に、なぜライブラリの依存関係（相性）が重要なのか考えて見ましょう。ライブラリーのバージョンによって、ツール作成がうまくいく場合といかない場合があります。試してみましょう。

問題 5-2： ライブラリー同士の相性をあらかじめ知るには、どうすればよいのか、調べてみましょう。

5.1　役立つシステムコマンド(expect, cron)

ネットワークプログラミングで便利なコマンドが **expect** と **cron** です。expect は、ネットワークで"会話"するプログラムです。cron は定期的に実行する場合に便利な機能です。インターネットにつながったパソコンのセンサーガジェットを定期的にアクセスしたり、収集したセンサーデータをデータベースに格納したりするためには、複雑なプログラミングが必要です。しかしながら、expect 機能と cron 機能を使いこなすことで、目的のシステムが比較的簡単に構築できます。

iPod Touch では、Cydia や apt-get コマンドがパッケージインストーラですが、expect 機能と cron 機能が含まれていないので、携帯端末(iPod Touch/iPhone)やパソコンのための expect 機能と cron 機能のインストール手法をここでは紹介します。

iPod Touch では、python の API である pexpect を使って、データ収集してみます。cron 機能は、Vixie Cron を構築してみます。

次のサイトから cron 3.0 pl 1.tar.gz ファイルを iPod にダウンロードし解凍します。スーパーユーザーになってから、次の命令を実行します。

```
root# wget ftp://metalab.unc.edu/pub/Linux/system/daemons/cron/cron3.0pl1.tar.gz
root# tar xvf cron3.0pl1.tar.gz
root# cd cron3.0pl1
```

Makefile ファイルの1行を次のように変更します。

```
CC = arm-apple-darwin-gcc
root# make
```

クロスコンパイルの場合は、生成された cron を /usr/sbin に移動させます。また、crontab を /usb/bin に移動させます。ネイティブコンパイルの場合は、次の命令を携帯端末上で実行します。

```
root# make install
root# ldid -S /usr/bin/crontab
root# ldid -S /usr/sbin/cron
root# cron                   cron を実行します。
```

"crontab -e" を実行すると、vim(vi) のブランク画面が立ち上がります。vim(vi) の簡単な使い方は、i が入力で Esc キーが入力の終了です。上下左右の矢印→カーソルでプロンプトを移動させます。プロンプト上の文字を消すのは、x キーです。

```
root# crontab -e             crontab を実行します。
```

crontab の画面には、例えば、次のような情報(分、時、日、月、曜日)を記述します。

分　時　日　月　曜日　　実行コマンド

```
0-59 * * * * /var/root/test       1 分毎に /var/root/test 命令を実行
0-59/5 * * * * /var/root/test     5 分毎に実行
59 23 * * 0 /var/root/test        毎週日曜日の 23 時 59 分に実行
```

パソコンでは、cygwin から expect (expect: A program that 'talks' to other programs) をインストールします。iPod では、pyexpect をインストールするためには、次の命令を実行します。

```
root# wget http://pexpect.sourceforge.net/pexpect-2.3.tar.gz
root# tar xzf pexpect-2.3.tar.gz
root# cd pexpect-2.3
root# python ./setup.py install
```

問題がなければ、pyexpect を利用できます。

パソコンから、iPod に ssh 認証接続し、UART に接続された気圧ガジェットから気圧を読み取るプログラムです。

下準備として、ssh 認証接続するには、パソコンの cygwin で次の命令を実行します。ipod2g を cygwin に認識させるためには、/etc/hosts に次の設定をしています。この場合は、iPod の IP アドレスが 192.168.0.18 の場合は、hosts ファイルに次の行を挿入します。

```
192.168.0.18 ipod2g
```

cygwinを起動します。

```
$ cd                        homeへ移動します。
$ ssh root@ipod2g           パスワードを入力し、iPodに移動します。
root# mkdir .ssh            .sshディレクトリを作成します。
root# exit                  cygwinに戻ります。
```

cygwinに戻ってから次の命令を実行し、.sshディレクトリにid_rsa.pubファイルを生成します。

```
$ ssh-keygen                ssh-keygenを実行し、すべての質問に対しリターンキーを入
                            力します。次に、.sshディレクトリに移動します。
$ cd .ssh
```

作成したid_rsa.pubファイルを、iPodの.sshディレクトリにファイルコピーし、そのファイル名をauthorized_keysにします。

```
$ scp id_rsa.pub root@ipod2g:~/.ssh/authorized_keys
```

パスワードを入力し、実行を完了させます。

次に、ssh認証接続を試してみます。

```
$ ssh root@ipod2g           ssh命令で、パスワードを要求されなければ、インストールは成
                            功です。
```

iPodにUART接続された気圧センサーを読んでみます。cygwinを起動して、次の命令を実行します。

```
$ wget http://web.sfc.keio.ac.jp/~takefuji/getdata.exp
$ chmod 755 getdata.exp
```

次に、getdata.expを実行し、パソコンからiPodと会話しながら気圧を読み出す様子が表示されます。

```
$ ./getdata.exp
spawn ssh root@ipod2g
ipod2g:~ root# serial
enter command: r
updated
enter command: p
p=101652
enter command: end
ipod2g:~ root# exit
logout
Connection to ipod2g closed


$ crontab -e          crontabを実行し、次の設定をすると、ホームディレクトリに最
                      新の気圧データが1分毎にpdataファイルに書き込まれます。

0-59 * * * * /home/Administrator/getdata.exp
```

iPod 上で、気圧センサーデータ収集する pget.py を紹介します。

```
# cat pget.py
#!/usr/bin/env python
import serial
com=serial.Serial('/dev/tty.iap',baudrate=9600,bytesize=8,parity='N
',stopbits=1,timeout=1)
com.write('r\n')
a=com.readline()
com.write('p\n')
a=com.readline()
fp=open('/var/root/pdata','a')
fp.write(a)
com.close()
fp.close()
```

crontab を次のように設定すると、1 分毎に気圧データを pdata ファイルに書き込みます。
    0-59 * * * * /var/root/pget.py

パソコンから、iPod 上の pdata ファイルを定期的に転送するプログラム getipodfile を紹介します。

```
$ cat getipodfile
#!/bin/expect
set timeout 30
spawn sftp root@ipod2g
expect "ftp"
send "get pdata\n"
expect "ftp"
send "exit\n"
interact
```

このように、cron 機能や expect 機能を使うことによって、ネットワークを経由して、自由自在にデータ採取が簡単にできます。

記号

$ make	65
$ make clean	65
$ make flash	65
$ make fuses	65
_delay_loop_1(x)	33
_delay_loop_2(x)	33
_delay_ms(x)	33
_delay_us(x)	33
Ω（オーム）	34

番号

0.65mm の単線	17
1 byte（バイト）	10
1 バイト write	73
2 線式通信	72
2 バイト read	73
3 端子レギュレータ	37
3 バイト read	73
7 ビットの C ポート（C0〜C6）	54
8 ビットの B ポート（B0〜B7）	54
8 ビットの D ポート（D0〜D7）	54
8 ビットマイクロコントローラ用のコンパイラ（avr-gcc）	9

A

ADMUX レジスタ	57
AD 機能	42
AD 変換	42
AD 変換器	6
AES 暗号	4
AES 暗号機能	121
API コマンド	121
apt コマンド	117

A

a=raw_input() 関数	118
arctan 計算	96
ATmega168	17
atoi() 関数	53
ATtiny85	106
AT コマンド	121
AVR	7
avrdude	7
avr-gcc	7
AVR-libc	10
AVR チップ	16
AVR チップピン	55

B

blackra1n	109
BMP085	72
BMP085 気圧センサー	72
BMP085 気圧センサー回路図	75
BMP085 の EEPROM データを2 バイトずつ読み出す	73
BMP085 の温度を計測する	73
BMP085 のチップ	75

C

checksize コマンド	19
chmod	111
com.readline() 関数	118
com=serial.Serial() 関数	118
com.write(xxx) 関数	118
CR2032 ボタン電池	26
cron	139
Cydia ツール	110
cygwin	11
C 言語	9

144

C

Cコンパイラ ……………………………… 7、8

D

DA変換デバイス ………………………… 54
DDR (data direction register) …………… 55
Division Factor …………………………… 58
double ……………………………………… 10

E

EEPROMメモリ …………………………… 18
expect ……………………………………… 139

F

flashコマンド ……………………………… 65
float ………………………………………… 10
for文 ………………………………………… 30
FreeBSD ……………………………… 12、135
FT232RL USB シリアル変換モジュール … 16

G

getipodfile ………………………………… 142
GND（グラウンド） ……………………… 16
GNU 開発ツール ………………………… 135
GNU ツール ………………………………… 7

H

hPa（ヘクトパスカル） …………………… 86

I

I²C (inter integrated circuit) ………… 2、72
I²C インターフェイス …………………… 72
I²C ハードウェア ………………………… 63
I²C プロトコール ………………………… 63
idle モード（または、スリープモード） … 121
int …………………………………………… 10
iPad ………………………………… 1、4、109

J

iPhone …………………………… 1、4、109
iPod Touch …………………… 1、4、109、139

J

jailbreak（脱獄） ………………………… 109
julian 検索 ………………………………… 13

L

LCD ………………………………………… 6
ldid ………………………………………… 110
LED ……………………………… 1、6、7、37
LED スイッチ ……………………………… 59
Linux ………………………………… 12、135

M

MacOS ……………………………… 12、135
main 関数 …………………………… 29、53
make コマンド …………………………… 65
Maxima …………………………………… 45
MEMS (Micro Electro Mechanical System)
技術 ………………………………………… 72
MISO ……………………………………… 16
MOSFET …………………………………… 40
MOSI ……………………………………… 16

N

NPN 型 ……………………………………… 39
N 型(2SK) ………………………………… 40

O

openssh ………………………………… 110

P

Parallax 社 ………………………………… 95
pexpect …………………………………… 139
pget.py …………………………………… 142

PLL (phase locked loop)	88
PLL 発振プロトコール	106
PNP 型	39
printf() 関数	51
PWM (Pulse Width Modulation)	32
pyserial	117
Python 言語	117
Python の API (application program interface)	117
P 型 (2SJ)	40

R

RESET	16
"return" 関数	9
return 値	9
RS 232 C	1、72

S

SCK	16
SCL	73
SCL (シリアルクロック)	73
SCL のクロック信号	73
SDA	73
SDA (シリアルデータ)	73
short	10
signed	10
SRAM メモリ	18
ssh 認証接続	140

T

TCP/IP のプロトコールスタック（プログラム群）	18
Tera Term	85
tethered	109
Tiny 85	22
TWI (two wire interface)	72

U

UART (Universal Asynchronous Receiver Transmitter)	1
UART ハードウェア	63
UART プロトコール	63
Unix	12
unsigned	10
USB － A と USB ミニのケーブル	18
USBconfig.h	70
usbconfig.h ファイル	64
usb_control_msg 関数	69
USB_control_msg() 関数	67
usbFunctionSetup 関数	69、128
USB (Univesal Serial Bus)	1
USB-XBee ガジェットの回路図	127
USB-XBee ガジェットファームウェア	128
USB インターフェイス	4、63
USB ガジェット	4
USB 信号	38
USB デバイス	4
USB ハードウェア	63
USB プロトコール	63
USB プロトコールスタック	63
USB ホスト	4
USB ライタ	16

V

Vcc (+ 5 V)	16
Vf (Forward Voltage)	27
vim	51
vim(vi)	140
Vine Linux	135

Vixie Cron ……………………………… 139
VUSB ……………………………………… 64

W
wget 命令 ………………………………… 11
WhatIP …………………………………… 110
WinAVR …………………………………… 8
Windows ………………………………… 12
windriver ………………………………… 66

X
XBee ……………………………… 1、4、121
XBee-BMP085 ガジェットの回路図 …… 127
XBee-Pro モジュール ………………… 127
X-CTU …………………………………… 121

Z
ZigBee 無線モジュール ……………… 121

あ
秋月電子通商 …………………………… 16
アクチュエータ ………………………… 1
アナログセンサー ………………… 4、42
アナログ入力設定 ……………………… 56
アノード ………………………………… 27

い
イーサーネット ………………………… 1
引数宣言記号 " (" と ") " 記号 ……… 9
インターネット・ガジェット ………… 1
インターネット検索の極意 …………… 13

え
英語の壁 ………………………………… 2

お
オープンソースソフトウェア ………… 1
オームの法則 …………………………… 5
オペレーティングシステム ………… 12
オヤイデ電気オンラインショップ … 17
温度センサー …………………………… 4

か
回路図エディタ（BSch） ……………… 47
回路図での記号 ………………………… 34
回路図とは ……………………………… 20
カソード ………………………………… 27
カラーコード …………………………… 34
関数 ……………………………………… 9
関数の始めと終りは、"｛" 記号と "｝" 記号 …… 9
カンデラ ………………………………… 27

き
気圧ガジェット ……………………… 140
気圧センサー（BMP085） ……………… 4
気圧センサーガジェット …………… 127
気圧を計測する ………………………… 74
木構造 ………………………………… 12
揮発性メモリ ………………………… 18
基板取付用 USB コネクタ
（B タイプメス） ……………………… 63
キャパシタ ……………………………… 6
キャパシタの容量値 ………………… 36
キャリブレーション ………………… 46
キャリブレーション関数 …………… 88

く
グローバル ……………………………… 9
グローバル変数 ……………………… 30
クロスコンパイラ ……………………… 9

クロスコンパイラ（arm-apple-darwin）……112

け
携帯端末 …………………………………… 1
ゲート ……………………………………… 40

こ
高精度 IC 温度センサー（LM35DZ）…… 42
合成抵抗値 ………………………………… 35
コーディネータ …………………………… 122
コードストリッパー ……………………… 12
固定抵抗 …………………………………… 43
コンパイラ ………………………………… 8
コンパイルエラー ………………………… 8
コンパレータ ……………………………… 44

さ
サーミスタ ………………………………… 43

し
時間と周波数の関係 ……………………… 6
磁気コンパス（HM55B）………………… 42
磁気コンパスセンサー（HM55B）……… 4
自作 USB ガジェット（USB-KO）……… 66
システム …………………………………… 9
自然現象 …………………………………… 3
湿度センサー ……………………………… 4
湿度センサー（HS1100 や HS1101）…… 44
時定数 ……………………………………… 44
照度センサー ……………………………… 4
照度センサー
（フォトトランジスタ：NJL7502L）…… 42
障壁電圧 Vf ……………………………… 37
情報通信技術（ICT）……………………… 1
シリアル通信 ……………………………… 72

す
水晶発振子 ………………………………… 18
スピーカー ………………………………… 1

せ
制御ソフトウェア pc …………………… 132
静電容量が変化するセンサー …………… 4
静電容量変化 ……………………………… 42
赤外線通信 ………………………………… 1
セメント抵抗 ……………………………… 5
セラミック発振子 ………………………… 16
センサー …………………………………… 42
センシングデバイス ……………………… 59
先端が 6mm から 8mm くらい ………… 18

そ
ソース ……………………………………… 40
ソフトウェア I2C ……………………… 2、106
ソフトウェア UART …………………… 106
ソフトウェア UART（RS232C）……… 2
ソフトウェア USB ……………… 2、64、106
ソフトウェアインターフェイス ………… 2
ソフトウェアプロトコール ……………… 2

た
ダイオード ……………………………… 6、37
タイガー無線 ……………………………… 17
単線 ………………………………………… 12
端末デバイス ……………………………… 122

ち
遅延関数 …………………………………… 33
チップアンテナ（フラクタルアンテナ）…… 121
超高輝度 LED …………………………… 26
直流モータ制御 …………………………… 41

直列つなぎのキャパシタ …………………… 35

つ
通信プロトコール ………………………… 2
ツェナーダイオード ……………………… 38

て
定格電圧 …………………………………… 5
定格電流 …………………………………… 5
定格電力 …………………………………… 5
抵抗 …………………………………… 6、34
抵抗（R） ……………………………………… 5
抵抗値 R …………………………………… 34
抵抗値が変化するセンサー ………………… 4
抵抗値変化 ………………………………… 42
ディジタル気圧センサー（BMP085）……… 42
ディジタルコンパスセンサー（HM55B） … 95
ディジタルセンサー ………………… 4、42
低速 USB …………………………………… 3
データ型（data type） ………………………… 10
データ型を宣言 ……………………………… 9
データ転送速度 bps（bits per second） … 72
デバイス …………………………………… 4
デューティ比 ……………………………… 32
電圧は電流と抵抗に比例する ……………… 5
電圧変化 …………………………………… 42
電圧変化するセンサー ……………………… 4
電化製品の制御 …………………………… 1
電源 ON/OFF ……………………………… 1
電子部品 …………………………………… 6
電子部品の双方向性の現象 ………………… 6
電流（I） ……………………………………… 5
電流が変化するセンサー …………………… 4
電流変化 …………………………………… 42

と
トランジスタ ……………………………… 6
ドレイン …………………………………… 40

に
ニッパー …………………………………… 12
入出力設定レジスタ ……………………… 31
入力設定 …………………………………… 30
鶏と卵の問題 ……………………………… 16

ね
ネイティブコンパイラ（native compiler）……… 9
ネットブック ……………………………… 1
ネットワークプログラミング …………… 139

は
バイポーラトランジスタ ………………… 39
パス（PATH） ……………………………… 12
パスカル値（Pa） ………………………… 86
パソコン 32 ビット intel CPU 用の
コンパイラ（gcc） …………………………… 8
発電床 ……………………………………… 7
万能バサミ ………………………………… 12

ひ
ピエゾ素子 ………………………………… 7
ヒステリシス ……………………………… 62
非同期通信 ………………………………… 72

ふ
ファームウェアプログラム ……………… 64
不揮発性メモリ ……………………… 7、18
符号付 ……………………………………… 10
符号なし …………………………………… 10
浮動小数点演算 …………………………… 96

フューズの設定（lfuse: 0 xdf） ………… 65
フラッシュマイクロコントローラ ………… 7
フラッシュメモリ ……………………… 7、18
フラッシュメモリ付き
マイクロコントローラチップ ………………… 6
ブレッドボード ………………………… 17
プログラミングの壁 …………………………… 2
プログラムライタ ……………………………… 7
プロトコールスタック ………………………… 8

へ
並列つなぎのキャパシタ ……………… 35

ほ
ポート ………………………………… 30
ボーレート（Baud rate）……………… 72
ホーロー抵抗 …………………………… 5
ホスト …………………………………… 4

ま
マイクロコントローラ ………………… 7
マイクロコントローラのアナログ入力 ……… 43

み
自ら然り：self-organization ………… 3
三つの壁 ………………………………… 3

む
無線 LAN ……………………………… 1

め
名称と単位の関係表 …………………… 6

も
モータ …………………………………… 1

る
ルーター ……………………………… 122
ルート（管理者）の権限を奪取 ……… 109

ろ
ローカル ………………………………… 9

著者略歴

武藤 佳恭（たけふじ よしやす）

1978	慶應義塾大学工学部電気工学科卒業
1983	同博士課程終了、工学博士
1983～1985	南フロリダ大学コンピュータ学科助教授
1985～1988	南カロライナ大学コンピュータ工学科助教授
1988～1996	ケースウエスターンリザーブ大学電気工学科准教授
1992～1997	慶應義塾大学環境情報学部助教授
1997	同校 教授
	現在に至る

〔受賞歴〕※多数のため、最近のものを掲載
(社)フードサービス協会 35 周年記念会長賞(2009)
米国空軍科学研究所 特別研究賞(2003)、JNSA 賞佳作(2003)
国際協力機構 第一回JICA理事長賞(2004)、日本消化器関連学会 感謝状(2001)
米国オレゴン州ポートランド市 rosarian (2001)
他多数

〔主要著作〕
超低コスト インターネット・ガジェット設計
　―USB・μIP・microSD プロトコルスタックの活用(オーム社、2008)
iPod touch/iPhone を楽しく使うためのハッキング(オーム社、2008)
知らないと絶対損をするセキュリティの話：デジタル時代の護身術(日経 BP、2004)
調べてみよう　携帯電話の未来(岩波書店、2003)
ファイバーチャネル技術解説書 II (論創社、2003)
応用事例ハンドブック　ニューラルコンピューティング(共立出版、2001)
ファイバーチャネル技術解説書(論創社、2001)
無線アクセスのすべて(翔泳社、2000)
パソコン初心者のための簡単インタネット活用術(同文院、1999)
コラボレーション(慶応義塾大学湘南藤沢キャンパス、1998)
ディジタルメディア革命(慶応義塾大学出版会、1998)
共同体の二〇世紀(ドメス出版、1998)
Knowledge-based intelligent techniques in industry (CRC, 1998)
Handbook of Internet and Multimedia Systems and Applications (CRC, 1998)
高度情報化社会のネチケット(共立出版、1996)
ニューラルコンピューティング(コロナ社、1996)
ニューラルネットワーク(産業図書、1996)
Neural computing for optimization and combinatorics (WSP, 1996)
CALS 産業革命(ジャストシステム、1995)
高収益企業の情報リテラシー (ダイアモンド社、1995)
Neural Networks in design and manufacturing (WSP, 1993)
ニューロコンピューティング(培風館、1992)
Neural Network Parallel Computing (Kluwer Academic Pub., 1992)
Analog VLSI Neural Networks (KAP, 1992)
だれでもわかるディジタル回路(オーム社、1984)

面白チャレンジ！
インターネット ガジェット入門
ⓒ 2010 Yoshiyasu Takefuji　　Printed in Japan

2010年8月31日　初版第1刷発行

著　者　武藤佳恭
発行者　千葉秀一
発行所　株式会社 近代科学社
　　　　〒162-0843　東京都新宿区市谷田町2-7-15
　　　　電話　03(3260)6161
　　　　振替　00160-5-7625
　　　　http://www.kindaikagaku.co.jp

大日本法令印刷
ISBN 978-4-7649-0395-1
定価はカバーに表示してあります。

近代科学社